住房和城乡建设部"十四五"规划教材

高等职业教育土建施工类专业 BIM 系列教材

BIM 基础与参数化建模

黄　雷　李立宁　王　静　主　编

刘　萍　郭　杨　韦才师　李　娜　副主编

黎　卫　主　审

U0213950

中国建筑工业出版社

图书在版编目（CIP）数据

BIM 基础与参数化建模/黄雷，李立宁，王静主编
. —北京：中国建筑工业出版社，2022.2（2022.12 重印）
住房和城乡建设部"十四五"规划教材　高等职业教
育土建施工类专业 BIM 系列教材
ISBN 978-7-112-26678-4

Ⅰ.①B… Ⅱ.①黄… ②李… ③王… Ⅲ.①建筑设
计-计算机辅助设计-应用软件-高等职业教育-教材
Ⅳ.①TU201.4

中国版本图书馆 CIP 数据核字（2021）第 208443 号

作为对接"1＋X"建筑信息模型（BIM）职业技能初级的教材，本教材依据
"教材即课程"的思路编写，教材内容的编排设计与经过检验比较高效、成熟、系
统的教学设计及教学实训流程相匹配。本教材根据教学设计分为 3 个阶段（入门、
进阶、拓展）、7 个模块，目前共含 37 个任务（后期教材改版会因新增经典案例
而增加任务数量）。除 BIM 基础知识相关任务外，所有任务均包含"'1＋X'BIM
技能等级初级知识点与技能点""教学视频二维码""使用逻辑、技巧与参数化技
术应用点总结""视频中第一次出现的 Revit 命令和功能简介"这四部分内容。

本教材对教学视频中呈现的 Revit 命令和功能的使用方法及流程，用图文方
式进行讲解，并配有专门的索引目录，方便有 Revit 建模基础的读者将本教材作
为工具书（软件使用说明书）使用。

本教材所需图纸及"1＋X"建筑信息模型（BIM）职业等级证书考评大纲和
习题请加"1＋X"交流 QQ 群 786735312 获取。同时为方便教学，作者自制免费
课件，索取方式：1. 邮箱：jckj@cabp.com.cn；2. 电话：（010）58337285；
3. 建工书院：http://edu.cabplink.com。

责任编辑：司　汉
责任校对：李欣慰

住房和城乡建设部"十四五"规划教材
高等职业教育土建施工类专业 BIM 系列教材
BIM 基础与参数化建模
黄　雷　李立宁　王　静　主　编
刘　萍　郭　杨　韦才师　李　娜　副主编
黎　卫　主　审
*
中国建筑工业出版社出版、发行（北京海淀三里河路 9 号）
各地新华书店、建筑书店经销
霸州市顺浩图文科技发展有限公司制版
北京云浩印刷有限责任公司印刷
*
开本：787 毫米×1092 毫米　1/16　印张：15¼　字数：378 千字
2022 年 2 月第一版　2022 年 12 月第二次印刷
定价：**49.00** 元（赠教师课件）
ISBN 978-7-112-26678-4
（38168）

国家"双高计划"建筑室内设计高水平专业群
国家级职业教育教师教学创新团队"装配式建筑工程技术"专业
教材编审委员会

主　任：黎　卫

副主任：蒙良柱　吴代生　宁　婵　杨佳佳　韦素青
　　　　黄　雷　王宇平　朱正国　杨智慧　高云河
　　　　何　谊　钟继敏　苏　彬

委　员（按姓氏笔画为序）：
　　　　王　静　王唯佳　韦才师　邢耀文　刘　勇
　　　　刘　萍　刘永娟　李　娜　李立宁　李国升
　　　　张　龙　练祥宇　胡　博　钟吉华　莫振安
　　　　翁素馨　郭　杨　唐祖好　唐誉兴　黄晓明
　　　　黄耀义　谢　芮　谢梅俏　熊艺媛

出版说明

党和国家高度重视教材建设。2016年，中办国办印发了《关于加强和改进新形势下大中小学教材建设的意见》，提出要健全国家教材制度。2019年12月，教育部牵头制定了《普通高等学校教材管理办法》和《职业院校教材管理办法》，旨在全面加强党的领导，切实提高教材建设的科学化水平，打造精品教材。住房和城乡建设部历来重视土建类学科专业教材建设，从"九五"开始组织部级规划教材立项工作，经过近30年的不断建设，规划教材提升了住房和城乡建设行业教材质量和认可度，出版了一系列精品教材，有效促进了行业部门引导专业教育，推动了行业高质量发展。

为进一步加强高等教育、职业教育住房和城乡建设领域学科专业教材建设工作，提高住房和城乡建设行业人才培养质量，2020年12月，住房和城乡建设部办公厅印发《关于申报高等教育职业教育住房和城乡建设领域学科专业"十四五"规划教材的通知》（建办人函〔2020〕656号），开展了住房和城乡建设部"十四五"规划教材选题的申报工作。经过专家评审和部人事司审核，512项选题列入住房和城乡建设领域学科专业"十四五"规划教材（简称规划教材）。2021年9月，住房和城乡建设部印发了《高等教育职业教育住房和城乡建设领域学科专业"十四五"规划教材选题的通知》（建人函〔2021〕36号）。为做好"十四五"规划教材的编写、审核、出版等工作，《通知》要求：（1）规划教材的编著者应依据《住房和城乡建设领域学科专业"十四五"规划教材申请书》（简称《申请书》）中的立项目标、申报依据、工作安排及进度，按时编写出高质量的教材；（2）规划教材编著者所在单位应履行《申请书》中的学校保证计划实施的主要条件，支持编著者按计划完成书稿编写工作；（3）高等学校土建类专业课程教材与教学资源专家委员会、全国住房和城乡建设职业教育教学指导委员会、住房和城乡建设部中等职业教育专业指导委员会应做好规划教材的指导、协调和审稿等工作，保证编写质量；（4）规划教材出版单位应积极配合，做好编辑、出版、发行等工作；（5）规划教材封面和书脊应标注"住房和城乡建设部'十四五'规划教材"字样和统一标识；（6）规划教材应在"十四五"期间完成出版，逾期不能完成的，不再作为《住房和城乡建设领域学科专业"十四五"规划教材》。

住房和城乡建设领域学科专业"十四五"规划教材的特点：一是重点以修订教育部、住房和城乡建设部"十二五""十三五"规划教材为主；二是严格按照专业标准规范要求编写，体现新发展理念；三是系列教材具有明显特点，满足不同层次和类型的学校专业教学要求；四是配备了数字资源，适应现代化教学的要求。规划教材的出版凝聚了作者、主审及编辑的心血，得到了有关院校、出版单位的大力支持，教材建设管理过程有严格保障。希望广大院校及各专业师生在选用、使用过程中，对规划教材的编写、出版质量进行反馈，以促进规划教材建设质量不断提高。

住房和城乡建设部"十四五"规划教材办公室
2021年11月

序　言

　　"培养新时代德技并修的高素质技术技能人才"（摘自《教育部关于学习宣传贯彻习近平总书记重要指示和全国职业教育大会精神的通知》）是当前国家对职业教育人才培养的根本要求。从我国当前的高等职业教育发展和建设的基本任务和目标要求出发，本系列教材围绕产业和经济社会发展，深化"岗课赛证融通"技术技能人才培养体系，建设出版一套新时期基于"岗课赛证"融通的（装配式建筑工程技术专业类）高职新形态教材，使高职院校土建类相关专业能更好地推进"三教改革"，提高教学质量和人才培养质量。

　　本系列教材由国家"双高计划"高水平专业群教学团队、国家级职业教育教师教学创新团队及企业共同建设。由国家"双高计划"建筑室内设计高水平专业群教学团队（国家级职业教育教师教学创新团队）牵头，联合浙江建设职业技术学院、黄冈职业技术学院、威海职业学院等院校的国家级职业教育教师教学创新团队，与企业深入合作和探讨，研究基于"岗课赛证"融通的模块化课程开发、模块化教材编写，探索实施适用于装配式建筑工程技术专业（群）的高职新形态教材的建设方法与途径，实践应用效果良好。

　　本系列教材的出版，希望能为新时期高职教育土木建筑大类相关专业的"三教改革"提供示范案例，为我国当前正在开展的"岗课赛证融通"综合育人研究提供一些研究与实践借鉴。

二级教授

国家级高等学校教学名师

国家"万人计划"教学名师

享受国务院政府特殊津贴专家

前　言

新型建筑工业化的基础是信息技术与建筑工业化技术协同发展的建筑信息化，建筑信息化的基础是建筑信息模型（BIM，即 Building Information Modeling）技术，而建筑信息模型技术的基础则是 BIM 建模和其参数化应用。

住房和城乡建设部等部门联合发布的《关于加快新型建筑工业化发展的若干意见》（建标规〔2020〕8 号）等文件中提出，要加快推进 BIM 技术在新型建筑工业化全寿命周期的一体化集成应用。充分利用社会资源，共同建立、维护基于 BIM 技术的标准化部品部件库，实现设计、采购、生产、建造、交付、运行维护等阶段的信息互联互通和交互共享。试点推进 BIM 报建审批和施工图 BIM 审图模式，推进与城市信息模型（CIM）平台的融通联动，提高信息化监管能力，提高建筑行业全产业链资源配置效率。

为了响应国家关于新型建筑工业化发展的战略部署，培养具备新型信息化思维、掌握建筑信息化技术应用技能的人才，加快对建筑行业从业人员的 BIM 能力培训，目前各大高职院校的土木建筑大类专业中，已相继开设了 BIM 建模及其参数化应用的课程。随着基于 BIM 技术的建筑识图、建筑构造、建筑虚拟化施工、建设工程项目管理等课程改革在各土木建筑大类专业中的不断探索和发展，BIM 建模及其参数化应用不仅是 BIM 造价管理、BIM 结构深化设计、BIM 管线综合技术等建筑信息化技术应用类课程的基础和前置课程，还将逐渐成为土木建筑大类专业的基础课、公共课，并在土木建筑大类专业的课程设置中扮演至关重要的核心角色。

作为中国特色高水平高职学校和专业建设计划的建设单位之一，我们总结历年来建筑信息化技术应用类课程建设的有益经验，基于"校企双元"、基于企业真实场景的内容设置，结合"新工科"建设的研究与实践，融会贯通"以德树人""润物无声""精雕细琢，精益求精"的课程思政内容，选择国内最广泛流行的 Revit 平台软件为工具基础，开发了这本配套信息化资源的教材。本教材的编写，力图体现"新工科"教材建设的四个"新"：

一、内容新。本教材除了以 Revit 平台软件的 BIM 建模和其参数化应用的基本操作为主线，还积极对标"1＋X"BIM 技能等级初级考核要求。按"教材即课程"的目标，按先易后难、先实践后理论、循序渐进的使用逻辑编排内容，让使用本教材的教师和学生更易于将教材和教学设计、教学流程、实训流程对应起来。

二、逻辑新。相对于目前某些偏重 BIM 模型可视化特点，围绕模型展示效果编写的BIM 建模类书籍，本教材更注重培养使用者的 BIM 正向一体化应用和软件使用逻辑，更注重将参数化建模的理念贯穿始终；按照先满足 BIM 翻模的基本需要，再提升正向一体化应用能力的思路，通过着重讲解 Revit 各建模工具在不同工程应用场景中的使用逻辑和技巧，强调善于运用平台软件自身的参数化功能，利用参数与图元、参数与参数之间的协调性进行 BIM 建模和参数化应用，避免使用者对各类第三方插件的过多依赖和选择上的无所适从。

三、形式新。本教材采用信息化教学资源为主，纸质教材为辅的模式，更方便教师开展"互联网＋"的线上线下混合式教学。数字资源主要是近百个系统化、情景化的教学视频（录屏）、微课、教学所需的图纸、样板文件、族文件和习题库等构成，可以直接通过扫二维码或加入"1＋X"交流QQ群786735312获取，在PC端和移动端方便快捷地在线访问；纸质教材则按照Revit的主要模块、主要工具进行分解，体现工具书式内容碎片化的使用特点。在使用本教材时，教师和学生先通过教学视频进行系统的完整建筑物建模教学，再利用总结归纳性的使用逻辑、使用技巧等碎片化内容辅助进行回忆、强化和提升，并可将本教材中Revit命令、功能简介内容及配套的独立目录作为BIM建模的工具书或软件使用手册使用。

四、主体新。本教材由南宁职业技术学院专任教师与广西建工集团第二建筑工程责任有限公司、广西建工集团智慧制造有限公司的企业专家合作开发。建筑深化设计、施工和智慧制造领域的一线专家在编写中融入了企业关于BIM建模的最新实用标准。

本教材为住房和城乡建设部"十四五"规划教材；高等职业教育土建施工类专业BIM系列教材，由南宁职业技术学院黄雷、李立宁、王静（建筑工程学院）担任主编；刘萍、郭杨、韦才师、李娜担任副主编。

由于编者水平有限，书中难免存在疏漏之处，恳请读者谅解并指正。读者在使用本书及其配套在线数字资源时，如遇到问题，欢迎加入"1＋X"交流QQ群786735312与我们交流。

目　录

第一阶段

入 门

第一阶段入门共有 3 个模块，分别为模块 1.1 BIM 基础知识、模块 1.2 Revit 建模必要准备、模块 1.3 Revit 建模。主要围绕一个体量适中的建筑物建模任务，令初学者快速地了解 BIM 基础理论知识和初步系统掌握 Revit 建模方法，着重熟悉建模软件使用逻辑，迈入 BIM 技术学习的新领域。本阶段只涵盖"1＋X"BIM 技能等级初级考核要求的基础知识和技能，对于没有涉及的命令、功能和高级使用技巧不做过多介绍，以免过多的信息扰乱初学者的思路，以至于偏离了"着重熟悉软件使用逻辑"这一重点。

模块 1.1　BIM 基础知识

模块 1.1 思政目标

通过对 BIM 概念与 BIM 技术应用情况的了解，引申出我国改革开放以来的建设成就，引导学生树立专业荣誉感和使命感，帮助学生初步建立建筑信息化思维模式、提高信息素养。

任务 1.1.1　BIM 的概念

1. "1+X" BIM 技能等级初级知识点与技能点

（1）掌握建筑信息模型（BIM）的概念；

（2）初步了解 BIM 模型表达深度的国际通用标准（LOD）。

"Building Information Modeling" 缩写为 BIM，中文翻译为 "建筑信息模型"，是指以建筑工程项目的各项相关信息数据作为基础，建立从规划、设计、施工到运营维护等全寿命周期创建及管理的建筑信息全过程。

BIM 是指以建筑工程项目的各项相关信息数据作为基础，建立起三维的建筑模型，通过数字信息模拟建筑物所具有的真实信息。这些信息包括三维几何形状信息和非几何形状信息（如建筑使用的材料、建筑材料的重量、建筑材料的价格、施工进度等），为各环节人员，如设计师、建筑师、水电暖通工程师、业主以及最终用户等，提供 "模拟和分析" 的服务依据。同时 BIM 具有可视化、协调性、模拟性、优化性、可出图性、一体化、参数化和信息完备性 8 大特点。因此，BIM 的重点不是简单的建模工具，重点是建筑信息的实时共享。

BIM 中的建筑信息模型是一个数字化的模型，3DBIM 模型是由对应的实体建筑构件（如基础、柱、梁、板、墙、楼梯以及门窗等）构成模拟仿真的三维模型；4DBIM 是在 3D 模型 XYZ 轴的基础上，加上了时间轴，将模型的形成过程以动态的三维模型方式呈现，用户可以预先掌握动态仿真施工的过程；5DBIM 是将工程费用添加到模型当中，利用模型可以统计出材料的使用量，配合单价，即可计算出总价，从而使用户更准确地掌握各个阶段经费的支出情况。

为了满足不同深度建筑信息模型的表达要求，国际上通常用 LOD100～LOD500 共 5 个等级来表达。

2. 练习

【单选题】（1）"建筑信息模型" 是指以建筑工程项目的各项相关信息数据作为基础，建立从规划、设计、施工到（　　）等全寿命周期，创建及管理的建筑信息全过程。

A. 招标投标　　　　　　　　　　　B. 运营维护

C. 安全管理　　　　　　　　　　　D. 景观绿化

（2）BIM 的中文全称是（　　）。

A. 建设信息模型　　　　　　　　　B. 建筑信息模型

C. 建筑数据信息　　　　　　　　　D. 建设数据信息　　1.1.1　练习答案

（3）BIM 信息模型有不同深度的表达，我们称之为模型深度等级（Level of Detail，LOD）。国际上通常用（　　）个等级来表达 BIM 信息模型的不同深度。

A. 2　　　　　　　　　　　　　　B. 3

C. 4　　　　　　　　　　　　　　D. 5

（4）LOD100 用来表达项目级模型单元，属于 1.0 级模型精细度。通常表达为（　　）阶段的模型深度。

A. 概念化方案　　　　　　　　　B. 初级阶段

C. 施工图阶段　　　　　　　　　D. 施工阶段

（5）下列关于 BIM 的含义不正确的是（　　）。

A. BIM 以三维数字技术为基础　　B. BIM 是一个完善的信息模型

C. BIM 是一类软件　　　　　　　D. BIM 具有单一工程数据源

任务 1.1.2 BIM 技术的应用

1. "1＋X" BIM 技能等级初级知识点与技能点

(1) 了解 BIM 技术应用的各个阶段;

(2) 了解 BIM 技术在各阶段的应用范围。

随着建筑信息化技术的不断发展,BIM 技术目前已应用于建筑全生命周期,其中包括规划与设计、招标投标、施工建设和项目运营四个阶段。

1) 规划与设计

BIM 技术在规划与设计阶段,从概念设计开始,全程参与工作的整个过程,使各个专业基于一个模型进行工作的开展,利用 BIM 平台汇总各项目团队所有的建筑工程信息,消除项目中的信息孤岛,提高各专业的项目设计效率。

BIM 在规划和设计阶段的应用主要有建筑建模、协同设计、可视化应用、装配式建筑深化设计、绿色建筑(绿建)分析等。

① 建筑建模:基于 BIM 模型,可直观地表达建筑及建筑周边情况,方案成果是看得见的三维立体效果。各专业也可以合理的拆分模型,有利于多人参与设计,充分协同从而提高工作效率。

② 协同设计:BIM 技术为协同设计提供技术支撑,可以让分布在不同位置的不同专业设计人员通过网络协同开展本项目的设计。同时,利用 BIM 建筑信息模型可以在建筑工程实施之前对各专业的碰撞问题进行协调,通过协调生成碰撞数据,从而提出合理的解决方案。

③ 可视化应用:作为 BIM 技术的一大特点,可视化能够贯穿整个设计阶段。利用 BIM 技术可视化特点,可达到快速解决各专业之间几何及非几何冲突的碰撞检查;采用 BIM 技术,各专业管线设计均为可见的,从而实现了 BIM 技术领域的管线综合实施性。还可以进行可视化模拟、可视化沟通及成果的可视化展示等。

④ 装配式建筑深化设计:利用 BIM 技术可以完成从整体到构件的设计理念。

⑤ 实现装配式构件的数据化生产,提高工作效率;BIM 技术可通过 5D 模拟,实现施工过程成本的精细化管理,因此 BIM 技术在装配式建筑中应用可产生一定的价值;还可以应用 BIM 技术进行构件的深化设计。

⑥ 绿建分析:现代建筑不但要满足人们的居住需求,还需要满足节约资源、保护环境、减少污染等需求。因此,将建筑项目对环境的影响以及其自身的能源消耗情况通过数据化的信息得以反映,帮助设计师对绿色建筑的可行性进行分析。BIM 技术对于绿色建筑分析主要包括生态、节能、减排、室内健康等方面。

2) 招标投标

传统招标投标需经过招标、投标、开标、评标与定标等程序,涉及多个参与方,具有规章制度繁琐、流程复杂、采购周期长、运作成本高、工作效率低等特点。BIM 投标是以 BIM 模型为基础,集成进度、商务报价等信息动态呈现评标专家关注的信息,提高标书评审质量和工作效率。

① BIM 对招标投标的影响

a. 对于招标人,BIM 技术有利于招标文件编制的各方协同工作,有利于招标投标主体之间的数据协同,避免数据传递过程的丢失。

b. 对于投标人，BIM 技术的应用有利于投标单位了解拟投标项目的实际情况，进一步提高企业了解数据资源的能力。

c. 对于评标委员会，基于 BIM 的评标系统，可以将评标专家从传统繁琐的文字和数据中解放出来，使专家更容易掌握投标方采用的方案特点，进行科学、合理的评判。

② BIM 在招标阶段的应用

a. 招标策划

应用 BIM 技术在编制招标策划时有对应的执行软件，利用此软件，可以简单地输入项目基本信息，招标条件、招标方式，应用软件随即可以给出一个简单的招标计划框架，此项技术对专业技术人员的工作效率提高有一定的帮助。

b. 精准算量

应用 BIM 技术后，系统可以对工程量清单进行自动计算，有效地避免了传统工程造价的随意提高等不正当行为。有效地提高工程量计算的效率和工程量计算的准确性。

③ BIM 在投标阶段的应用

a. 辅助商务标编制

应用 BIM 技术的信息数据库可以快速核算人、材、机的用量，综合评判选择项目目标，快速决策。

通过数据库，投标人员可以快速地获取相关资料，节省更多的时间对人、材、机进行对比和选择，使投标报价更加合理。

另外 BIM 平台为业主提供了各行各业的价格库，是一种高端的云共享平台，可以快速获取所需材料的实时价格，降低因信息获取不全导致定价不准的风险。

b. 辅助技术标编制

利用 BIM 技术创建 3D 模型，在技术标中创建虚拟场景、辅助施工场地布置等增强了场地布置的合理性且更加直观地反映项目建设现场及施工现场的模拟情况；还可以利用 BIM 平台的 4D 施工模拟技术，合理地制订施工计划，精准地掌握施工进度计划；5D 技术让我们更加方便地掌握各个施工阶段的进度情况。

BIM 技术利用 3D 的可视、4D 的时间、5D 的成本和多维的功能表现，形成了实物控制和精准控制模式，在招标投标编制合同的过程中能有效管理控制变更。

3）施工建设

BIM 技术改变了施工项目工作重心，主要分布在初步设计和深化设计阶段，很大程度上减少施工图设计阶段的工作量，从而降低了整个项目因设计变更产生的高昂费用。

① 深化设计，基于 BIM 的深化设计一般分为两大类，一种是专业性深化设计，主要包括土建结构深化设计、钢结构深化设计、幕墙深化设计、电梯深化设计、机电各专业深化设计、景观绿化深化设计以及精装修深化设计等；另一种是综合深化设计，针对各个专业图纸的协调，在建设单位提供的 BIM 模型上进行。

② 进度管理，应用 BIM 技术建立 4D 施工模拟，对施工工序和工艺在施工前进行模拟，验证施工工序和工艺的可行性，如工序和工艺存在问题，可以及时进行调整，调整过后再进行模拟，不断优化，可严格控制施工进度和质量。

③.成本管理，基于 BIM 技术的成本控制可以有效减少由于反复施工造成的成本浪费及施工工期的浪费，BIM 技术具有快速、准确、分析能力强等优点，同时可以建立

BIM5D的实际成本数据库，及时获取成本汇总。

④ 安全管理，未施工之前，可利用 BIM 模型对建筑物进行初步了解，施工中的防护措施可于未施工前完成，不需等施工过程中甚至是施工完才做防护，安全性增加。BIM技术对安全隐患排查和应对突发事件可以做到及时处理，大大降低了安全隐患及突发事件造成的损失，快速掌握建筑物的运营情况。

⑤ 质量管理，基于 BIM 的质量管理包括产品质量管理和技术质量管理。产品质量管理可以通过平台快速查找材料材质及构件详情（如构件尺寸、构件位置等）。利用可视化特点，对施工现场产品进行跟踪、记录、分析，监控工程质量。技术质量可以通过平台动态模拟施工技术流程，确保施工技术信息的传递，保证实际做法和计划做法相一致。

4）项目运营

基于 BIM 技术的运维系统可以有效地帮助运营和物业单位管理建筑的设施设备，提高建筑运营管理水平，降低运营成本，从而提高用户的满意程度。

2. 练习

【单选题】（1）BIM 技术目前已应用于建筑全生命周期，其中包括（　　）、招标投标、施工建设和项目运营四个阶段。

A. 初步设计 　　　　　　　B. 施工图设计阶段

C. 规划与设计 　　　　　　D. 协同设计

（2）BIM 在规划和设计阶段的应用主要有：建筑建模、（　　）、可视化应用、装配式建筑深化设计、绿建分析等。

A. 初步设计 　　　　　　　B. 施工图设计阶段

C. 规划与设计 　　　　　　D. 协同设计

1.1.2　练习答案

（3）BIM 技术对于绿色建筑分析主要包括生态、节能、减排、（　　）等方面。

A. 室内健康 　　　　　　　B. 提高工作效率

C. 运作成本低 　　　　　　D. 精细化管理

（4）下列哪项属于 BIM 在招标阶段的应用？（　　）

A. 精准算量 　　　　　　　B. 投标策划

C. 辅助商务标编制 　　　　D. 辅助技术标编制

（5）下列选项体现了 BIM 技术在施工中的应用的是（　　）。

A. 通过创建模型，更好地表达设计意图，突出设计效果，满足业主需求

B. 可视化运维管理，基于 BIM 三维模型对建筑运维阶段进行直观的、可视化的管理

C. 应急管理决策与模拟，提供实时的数据访问，在没有获取足够信息的情况下，作出应急响应的决策

D. 利用模型进行直观的"预施工"

任务 1.1.3　BIM 技术相关软硬件简介

1. "1＋X" BIM 技能等级初级知识点与技能点

(1) 了解 BIM 软件体系；

(2) 了解基于主要功能的 BIM 软件划分；

(3) 了解 BIM 相关硬件。

2. BIM 软件体系

工程建设行业是一个参与方较多的复杂行业，参与方包括建设方、设计方、施工方、监理方及质量检验部门。因此 BIM 在应用过程中不能够由一种软件来满足整个建筑全生命周期的需求，也不是一类软件能够满足实施要求的。需要不同软件的共同配合来满足不同参与方的工作要求。

目前，关于 BIM 软件的功能划分，学术界还没有准确的定论。本书根据《1＋X 建筑信息模型职业技能等级证书——建筑信息模型（BIM）概论》一书，对 BIM 软件的主要应用特点进行了一定的分类。BIM 软件相互关系如图 1.1.3-1 所示。

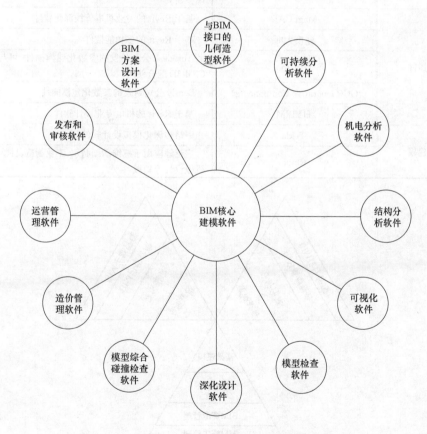

图 1.1.3-1　BIM 软件相互关系

BIM 软件功能主要分为以下几个层次：模型创建工具、模型辅助工具、模型管理软件及企业级管理系统等。

（1）模型创建工具

BIM 基础建模工具是创建 BIM 模型的基础软件，在选择 BIM 建模软件的时候，要考虑对各专业功能的使用需求以及考虑 BIM 数据格式。

插件类软件是基于 BIM 建模软件的基础上通过二次开发来提高工作效率的软件。

专项建模工具具有较强的专业针对性，例如对于钢结构、幕墙等专业进行专项深化设计。

常见 BIM 建模工具见表 1.1.3-1；BIM 软件功能划分如图 1.1.3-2 所示。

常见 BIM 建模工具 表 1.1.3-1

软件类别	软件名称	主要功能
基础建模	Autodesk Revit	建筑、结构、电气全专业建模软件
	Autodesk Civil 3D	勘察测绘、岩土工程、铁路公路定线、土石方、重力管线、压力管线等 3D 设计
	Bently Open Building Designer	行业通用 BIM 建模软件
	Bently Open Site Designer	用于工业设计和市政基础设施的模型创建软件
	Dassault Catia	用于机械设计制造软件、复杂形体及超大规模建筑的模型建立
建模插件	Magi CAD	基于 Revit 的专业机电管线深化软件
	建模大师	基于 Revit 的多功能插件
	Dynamo	Autodesk 公司研发的参数化建模插件，可与 Revit 和 Civil 3D 配合使用
	GC(Generative Components)	Bently 公司研发的参数化建模插件
	HYBIM	基于 Revit 的机电专业设计软件
专项建模	Tekla	钢结构深化模拟设计软件
	Rhino	广泛地应用于三维动画制作、工业制造、科学研究以及机械设计等领域

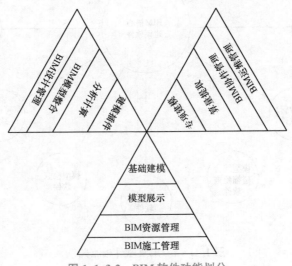

图 1.1.3-2 BIM 软件功能划分

（2）模型辅助工具

此类软件是以 BIM 模型为基础的应用和功能上的拓展，将 BIM 模型的应用扩展到更加广泛的领域。例如 VR 展示、结构模型计算、工程算量等。

1）模型展示工具，用于 BIM 模型的成果展示，利用这些成果展示软件可将创建的模型以类似电影的效果展现给观赏者，提高了 BIM 模型的模拟展现能力。

2）模型分析工具，用于 BIM 模型专项计算分析，利用这些软件可以对结构模型的受力情况进行分析；还可以对光照、噪声等进行绿建分析。

3）模型算量工具，用于 BIM 模型工程算量的辅助工具，从而制作满足工程算量要求的工程量清单。

常见的模型辅助工具见表 1.1.3-2。

常见 BIM 模型辅助工具　　　　　　　　　　　　　　　表 1.1.3-2

软件类型	软件名称	主要功能
模型展示工具	Fuzor	用于 BIM 模型实时渲染、虚拟现实、进度模型
	Lumion	用于 BIM 模型实时渲染和虚拟现实
	Twinmotion	基于 Unreal 引擎的模型实时渲染及虚拟现实
	Enscape	用于 BIM 模型实时渲染和虚拟现实
模型分析工具	Autodesk Robot	基于有限元的结构分析软件
	Ecotect	建筑物理仿真及能源分析的软件
	YJK-A	盈建科结构计算软件
模型算量工具	晨曦 BIM 算量	晨曦公司推出的基于 BIM 的算量软件
	品茗 BIM 算量	品茗公司推出的算量工具

（3）模型管理软件

此类软件是针对 BIM 工作的模型管理工具，模型管理软件包含 BIM 资源管理工具、BIM 模型整合工具、BIM 协同管理工具。

① BIM 资源管理工具，是建筑建模的基础，同时也是建模的基础库。广联达公司研发的构件坞软件，为 BIM 建模的工程师提供了丰富的族资源。

② 模型整合工具，此类工具是基本 BIM 管理应用工具，需要满足兼容多种数据模型的能力，同时为了更好地应用模型，需要满足轻量化的方式显示模型。

③ BIM 协同管理工具，此类软件用于管理各参与 BIM 工作人员的模型权限及模型修改版本等模型文件信息，确保在 BIM 工作过程中项目参与人员的信息对等。

常见的模型管理工具见表 1.1.3-3。

4）企业级管理系统

企业级管理系统指针对企业层面的 BIM 应用，基于 BIM 的运维管理系统，可整合运维各方面的应用数据。

综上，BIM 软件的功能具有相互交叉性，如 Revit 除了可以创建 BIM 模型外，还可以作为渲染展示以及碰撞检查等功能的体现，但这些功能在使用的过程中并不是很方便，相比 Navisworks 的碰撞检查就显得不够优秀。因此，单一从一个维度去划分 BIM 软件的功能，显然是不现实的。但无论怎么划分，BIM 软件已经发展成为一个软件体系，在体系内各个功能的软件一起协同工作，从而满足不同专业，不同岗位工作的应用需求。

常见 BIM 模型管理工具   表 1.1.3-3

软件类型	软件名称	主要功能
BIM 资源管理工具	构件坞	广联达研发的基于 Revit 族管理器
	族库大师	红瓦科技研发的 Revit 族管理器
	族立得	鸿业软件出品的族库
BIM 模型整合工具	Navisworks	用于分析、仿真和项目信息交流
	Solibri	采用国际标准 IFC 进行数据交互,能够满足各类 BIM 软件建立的各种模型可以进行整合
	BIM5D	广联达研发的模型及成本信息整合工具
	Navigator	Bentley 公司的 BIM 整合及浏览工具
BIM 协同管理工具	Vault	Autodesk 研发的协同工作平台
	Project Wise	能提供手机端、PC 端、网页端的模型浏览和功能使用

3. BIM 相关硬件

在使用 BIM 软件的同时,计算机的硬件配置是一个重要的因素,BIM 技术相对于计算机硬件具有严格的要求,计算机硬件的配置需要满足 BIM 应用要求,相关硬件主要包括工作站、服务器和移动终端。

(1) 工作站,英文名称是 "Computer Workstation"。工作站对于保证 BIM 的工作效率,发挥 BIM 的最大能效具有重要的支持作用。

(2) 服务器,是一种计算机,主要配件包括处理器、内存、硬盘及系统等。和普通计算机相比,由于服务器需要提供全天候及更稳定的服务,在处理能力、稳定性、可靠性、安全性、可扩展性、可管理性等方面要求较高。

根据提供的服务类型服务器可分为文件服务器、应用服务器、数据库服务器和 WED 服务器等,这四种服务器类型在 BIM 应用中都存在,根据应用类型不同,配置也各有差异。

(3) 移动终端,也可以称为移动通信终端,是能够执行与无线端口上的传输有关的所有功能的终端装置,具有便携、无线、多样、可移动和操作简单等多个特征。目前最主流的移动终端操作系统是 Android 和 iOS 两种。

BIM 软件开发商也相继推出平板电脑可以使用的相关软件,利用平板电脑可以显示 BIM 模型,这样的移动终端更加方便于施工现场的查询及使用。

4. 练习

【单选题】 (1) 目前常见的 BIM 软件功能划分为四个层次,下列不属于 BIM 软件功能划分层次的是 (   )。

A. 模型创建工具   B. 模型辅助工具

C. 分析计算工具   D. 企业管理系统

(2) (   ) 不属于常见 BIM 建模工具的软件类别。

A. 基础建模   B. 模型辅助工具

C. 建模插件   D. 专项建模

1.1.3 练习答案

(3) 针对 BIM 工作的模型管理工具,模型管理软件不包含 (   )。

A. BIM 资源管理系统　　　　B. 模型整合工具

C. 模型展示工具　　　　　　D. BIM 协同管理工具

（4）计算机硬件的配置需要满足 BIM 应用要求，下列不属于相关硬件主要内容的是（　　）。

A. 工作站　　　　　　　　　B. CPU

C. 服务器　　　　　　　　　D. 移动终端

（5）优化总体规划是属于 BIM 技术在（　　）阶段的应用内容。

A. 方案策划阶段　　　　　　B. 招标投标阶段

C. 设计阶段　　　　　　　　D. 施工阶段

任务 1. 1. 4　Revit 简介

1. "1＋X" BIM 技能等级初级知识点与技能点

（1）了解 Revit 软件的发展历史；

（2）了解 Revit 软件的作用；

（3）了解 Revit 项目文件管理及基本术语。

2. 了解 Revit 软件的发展历史

Revit 最早不是 Autodesk 的产品，是美国 Revit Technology 公司于 1997 年开发的三维参数化建筑设计软件。Revit 的原意是"Revise Immediately"翻译为"所见即所得"。2002 年，美国 Autodesk 公司以 1. 33 亿美元收购了 Revit Technology，从此 Revit 正式成为 AutodeskBIM 产品中的一员。

3. Revit 软件的作用

经过多年的开发和发展，Revit 成为包含建筑、结构、机电等多专业的 BIM 工具，并横跨设计、施工、运维等多个阶段，成为全球知名的三维参数化 BIM 平台，也是目前国内应用最为广泛的 BIM 数据创建平台。

Revit 是专门为建筑信息模型的创建而建立的软件，软件提供信息丰富的模型可以同时协助设计师、工程师、承包商以及业主协同合作，施工过程中有任何所需变更设计的都会随设计与档案变化自动更新，让工作流程更加协调一致，档案内容也更准确。Revit 功能强大，且易于掌握和学习，已经成为目前国内使用量最大的三维参数化建筑设计软件。

Revit 系列工具是以 BIM 为核心的三维建筑设计工具。不仅可以建立真实的三维 BIM 模型，还可以生成图纸、生成明细表以及工程量清单等信息。由于这些信息的来源是 BIM 三维模型，因此发生设计变更时，Revit 会自动更新图纸、明细表和工程量清单。

4. Revit 软件的文件格式

Revit 常用文件格式有 4 种，具体见表 1. 1. 4-1。

5. Revit 软件的基本术语

（1）构成项目模型的图元分为 3 类，具体见表 1. 1. 4-2。

（2）族的层级见表 1. 1. 4-3。

（3）族的种类和简介见表 1. 1. 4-4。

Revit 常用文件格式

表 1. 1. 4-1

文件格式名称	文件扩展名	简介
项目样板文件	. rte	新建项目文件必须选用的文件，包含项目初始设置和信息，可以规范设计、统一标准、避免重复
项目文件	. rvt	包含项目建筑模型所有几何与非几何信息的文件，俗称模型文件
族样板文件	. rft	新建族必须选用的文件，包含某类族的初始设置和信息。不同类型的族需要选择不同的族样板文件
族文件	. rfa	族是构成项目的组成部分（构件），也是项目信息的载体。族文件是可载入族的文件格式

Revit 软件图元分类 表 1.1.4-2

图元类别	子类别
模型图元	系统族
	内建族
	可载入族(外建族)
基准图元	标高、轴网
	参照平面(参照线)
视图图元	注释(尺寸、文字、符号等)
	符号线

Revit 软件族的层级 表 1.1.4-3

族的层级	示例			
类别	窗			
族	单扇平开窗		双扇平开窗	
类型	C0610	C0810	C0812	C1012

Revit 软件族的种类和简介 表 1.1.4-4

族的种类	简介
系统族	如墙、楼板等。Revit 预定义的族,只能在项目中创建和修改,不能在族中被使用。可以在项目样板和项目之间传递族类型
内建族	在当前项目中直接创建,不生成单独的 rfa 族文件,无法被其他项目和族直接载入
可载入族(外建族)	通过族样板文件创建,能够生成单独的 rfa 族文件,能被其他项目和族载入并使用

（4）参数化

参数化建模是 Revit 的本质特征和核心内容,主要包含两个方面:一方面是图元的参数化,例如一个窗族可以通过尺寸参数调整创建若干个大小不同的窗类型,还可以通过材质参数的设置创建不同材质的窗族;另一方面是参数的关联,相互关联的参数中一个发生改变,其他相关联的参数也会自动发生变化,不仅大大降低模型修改的工作量,还能避免数据信息不同步造成的模型错误。

5. 练习

【单选题】（1）Revit 最早是（　　）Revit Technology 的公司于 1997 年开发的三维参数化建筑设计软件。

A. 英国 　　　　　　　　　　B. 中国

C. 美国 　　　　　　　　　　D. 新加坡

（2）（　　）年,美国 Autodesk 公司以 1.33 亿美元收购了 Revit Technology,从此 Revit 正式成为 AutodeskBIM 产品中的一员。

A. 2000 　　　　　　　　　　B. 2002

C. 2004 　　　　　　　　　　D. 2006

（3）（　　）功能强大,且易于掌握和学习,已经成为目前国内使用量最大的三维参数化建筑设计软件。

1.1.4 练习答案

A. Autodesk   B. CAD

C. 天正建筑   D. Revit

（4）Revit 系列工具是以（　　）为核心的三维建筑设计工具。

A. Autodesk   B. BIM

C. Technology   D. Navisworks

（5）Revit 可以建立真实的三维 BIM 模型，还可以生成图纸、（　　）以及工程量清单等信息。

A. 进行设计变更   B. 生成明细表

C. 场地布置   D. 深化设计

模块 1.2　Revit 建模必要准备

模块 1.2 思政目标

通过 BIM 建模前必要准备工作的学习和练习，引申出“工欲善其事必先利其器”和标准的重要性，引导学生养成事前充分准备的习惯、初步树立标准规范意识。

任务 1.2.1　建立工作目录

为什么要建立工作目录？

（1）学习本课程需要用到很多文件资料，如施工图纸、项目样板文件、族文件等；还会形成很多自己创建的文件，如建筑模型文件、结构模型文件、合并模型文件、自制族文件等。若不建立统一的工作目录，学习中往往会出现找不到所需资料的情况，自己辛苦创建的文件也容易混淆甚至丢失。

（2）建立统一的标准化工作目录是实际工作中的要求。

1. “1+X” BIM 技能等级初级知识点与技能点

熟悉建模流程。

2. 教学视频

1.2.1　建立工作目录

3. 统一的标准化工作目录

（1）工作目录结构

工作目录结构如图 1.2.1 所示。

（2）最后一层目录下的文件资料下载

图纸请加“1+X”交流 QQ 群：786735312 来获取。

1）“\ BIM 项目 学生姓名 \ BIM 授课项目 1 \ information \ 建筑图纸”。

2）“\ BIM 项目 学生姓名 \ BIM 授课项目 1 \ information \ 结构图纸”。

3）“\ BIM 项目 学生姓名 \ BIM 授课项目 1 \ information \ 卫浴图纸”。

4）“\ BIM 项目 学生姓名 \ BIM 授课项目 1 \ information \ 族文件”。

5）“\ BIM 项目 学生姓名 \ 项目公用样板和族 \ Family Templates”。

6）“\ BIM 项目 学生姓名 \ 项目公用样板和族 \ Libraries”。

7）“\ BIM 项目 学生姓名 \ 项目公用样板和族 \ Templates”。

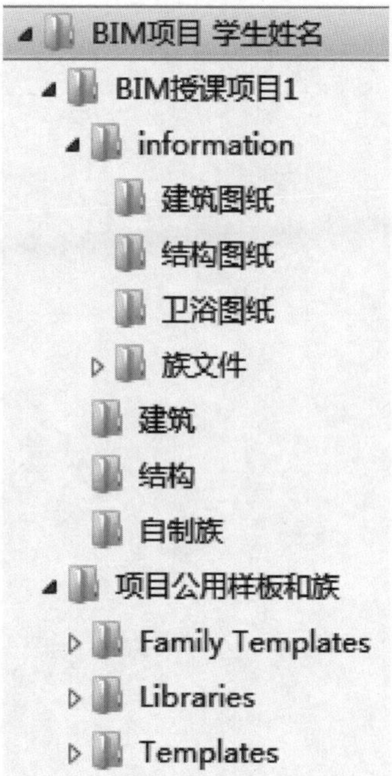

图 1.2.1　工作目录结构

（3）注意事项

1）学生必须在自己的优盘或移动硬盘等移动存储设备上

建立工作目录，下载的文件资料和自己创建的文件都存放于该移动存储设备相应目录下，且该移动存储设备要保证有 3GB 以上的存储空间来存放本课程相关的所有文件资料。

2）通过 QQ 群获取的文件资料，需要先复制到对应的目录下，然后"解压到当前文件夹"。

4. 练习

【实操练习】 按照本任务教学内容建立自己的标准化工作目录，以及下载存放相应的文件资料。

任务 1.2.2 新建建筑项目文件

本任务教学视频主要讲述如何通过"新建项目"命令创建建筑模型项目文件，并通过"保存文件"命令为该项目文件赋予文件名称和确定存放路径。

1. "1＋X" BIM 技能等级初级知识点与技能点

（1）熟悉建模流程；

（2）掌握 Revit 新建项目的方法。

2. 教学视频

3. 使用逻辑、技巧与参数化技术应用点总结

1.2.2 新建建筑
项目文件

（1）使用逻辑

1）Revit 软件无论是新建项目还是族（包括体量），都是需要从一个样板文件开始。其中，项目样板文件扩展名为".rte"，族和体量样板文件扩展名为".rft"。样板文件预设了许多默认设置，因此，无论新建项目还是族，选择正确的样板文件十分重要。本教材配套资料中，"项目公用样板和族 \ Templates \ China \ "路径中的"DefaultCHSCHS.rte"和"Structural Analysis-DefaultCHNCHS.rte"分别为新建建筑模型和结构模型所需的项目样板文件。

2）Revit 软件的保存功能，第一次保存需要选择存储路径和输入文件名，之后的保存则不需要。在第一次保存输入文件名时，由于软件有按照先前的使用历史自动补充文件名称及扩展名的功能，极其容易造成将项目文件（.rvt）存为样板文件（.rte），应特别注意。

3）Revit 软件每次保存都会自动生成 1 个备份文件，备份文件的文件名是以原文件名后添加数字序号的形式构成。备份文件数量由"最大备份数"决定，"最大备份数"的设置详见"保存文件"命令的简介。

（2）使用技巧

若不小心把已有的项目文件（.rvt）误存为了样板文件（.rte），解决方法是：以误存的样板文件为样板重新新建一个项目，然后重新保存为项目文件（.rvt）即可。

（3）参数化技术应用点

1）通过预设样板文件中的各项参数，可以规范设计、统一标准、避免重复，从而提高建模效率和模型质量。

2）参数化文件的"最大备份数"。

4. 视频中第一次出现的 Revit 命令和功能简介

（1）新建项目

【执行方式】

1）方式一：在 Revit 软件"最近使用的文件"界面下的"项目"区域点击"新建"按钮，如图 1.2.2-1 所示。

2）方式二：按顺序点击软件界面左上角应用程序菜单"R"—"新建"—"项目"，如图 1.2.2-2 所示。

3）快捷方式：＜Ctrl＋N＞。

【操作步骤】

1）按【执行方式】执行；

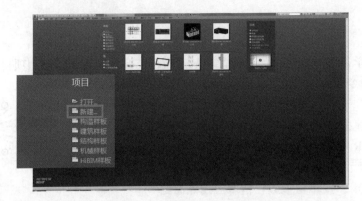

图 1.2.2-1 "新建"按钮

图 1.2.2-2 程序菜单"R"中的"新建"

2）在"新建项目"对话框中点击"浏览"按钮，如图 1.2.2-3 所示；

图 1.2.2-3 "新建项目"对话框

3）在"选择样板"对话框中选择正确的样板文件，然后点击"打开"按钮，如图 1.2.2-4 所示；

4）在"新建项目"对话框中检查"新建"区域是否选中"项目"选项，然后点击"确定"按钮完成新建，如图 1.2.2-5 所示。

图 1.2.2-4 "选择样板"对话框

图 1.2.2-5 "新建项目"对话框

（2）保存文件

【执行方式】

1）方式一：点击软件界面左上角自定义快速访问工具栏的"保存"按钮，如图 1.2.2-6 所示。

图 1.2.2-6 工具栏的"保存"按钮

2）方式二：按顺序点击软件界面左上角应用程序菜单"R"—"保存"。

3）快捷方式：〈Ctrl+S〉。

【操作步骤】

1）按【执行方式】执行；

2）若是该模型第一次保存，则会弹出"另存为"对话框，在此对话框中选择存储路径、输入文件名，还可以点击"选项"按钮在"文件保存选项"对话框中设置"最大备份数"。最后点击"另存为"对话框中的"保存"按钮完成保存。

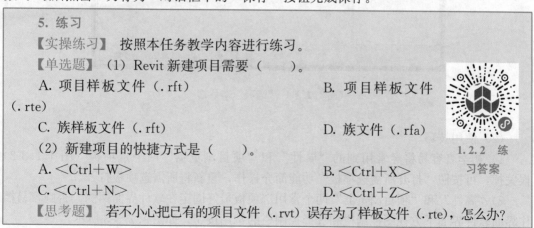

5. 练习

【实操练习】 按照本任务教学内容进行练习。

【单选题】（1）Revit 新建项目需要（　　）。

A. 项目样板文件（.rft）

B. 项目样板文件（.rte）

C. 族样板文件（.rft）

D. 族文件（.rfa）

（2）新建项目的快捷方式是（　　）。

A. 〈Ctrl+W〉

B. 〈Ctrl+X〉

C. 〈Ctrl+N〉

D. 〈Ctrl+Z〉

1.2.2 练习答案

【思考题】 若不小心把已有的项目文件（.rvt）误存为了样板文件（.rte），怎么办？

任务 1.2.3 初次必要的 Revit 环境设置

本任务教学视频主要讲述如何利用"R"菜单里"选项"对话框调整视图的背景颜色，以及如何利用"视图"选项卡下"用户界面"功能打开所需的常用选项板，以满足初学者必要的 Revit 环境设置要求。

1. "1＋X"BIM 技能等级初级知识点与技能点

掌握初级 BIM 建模软件环境设置。

2. 教学视频

3. 使用逻辑、技巧与参数化技术应用点总结

（1）使用逻辑

按顺序点击软件界面左上角应用程序菜单"R"—"选项"，所弹出的"选项"对话框中，所做的设置将对全局即所有加载的项目、族等都有效，如图 1.2.3-1 所示。

1.2.3 初次必要的 Revit 环境设置

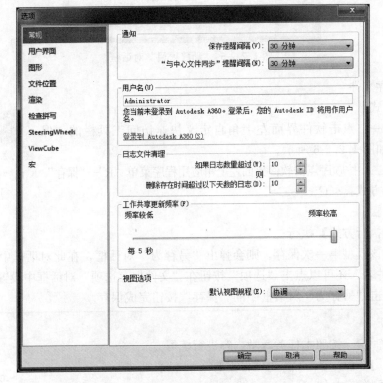

图 1.2.3-1 "选项"对话框

（2）使用技巧

1）初学者容易将经常用到的"属性"和"项目浏览器"两个选项板（图 1.2.3-2）误关掉，可按照"打开所需选项板"功能简介操作，重新将所需选项板打开。

2）"属性"和"项目浏览器"两个常用选项板最好固定在软件界面两侧，否则容易挡住界面软件界面下方视图控制栏和选择控制栏的常用按钮，如图 1.2.3-3 所示。

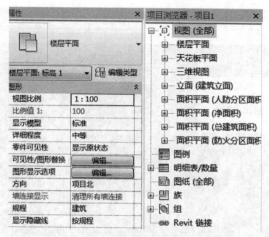

图 1.2.3-2 "属性"和"项目浏览器"选项板

图 1.2.3-3 视图控制栏和选择控制栏的常用按钮

（3）参数化技术应用点

通过"红（R)""绿（G)""蓝（U）"三原色的参数驱动实现图形背景、选中项、预选中项、警告内容的任意颜色选择，如图 1.2.3-4 所示。

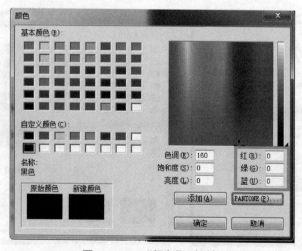

图 1.2.3-4 "颜色"对话框

4. 视频中第一次出现的 Revit 命令和功能简介

（1）调整背景颜色

【操作步骤】

1）按顺序点击软件界面左上角应用程序菜单"R"—"选项"，如图 1.2.3-5 所示。

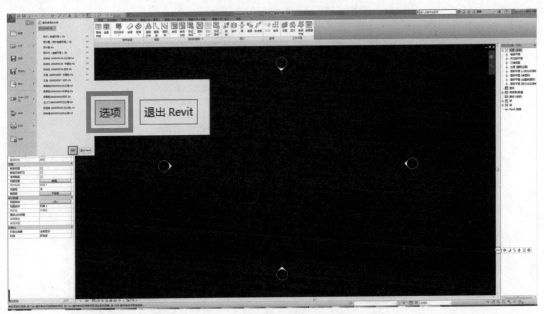

图 1.2.3-5　程序菜单"R"中的"选项"按钮

2）在弹出的"选项"对话框中选择"图形"选项卡，然后在"颜色"区域点击"背景"按钮，如图 1.2.3-6 所示。

3）在弹出的"颜色"对话框中选择所需要的颜色，然后点击"确定"按钮，如图 1.2.3-7 所示。

4）最后点击"选项"对话框中"确定"按钮完成背景颜色设置。

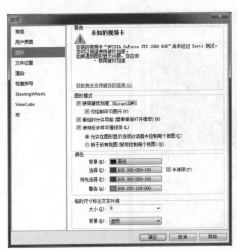

图 1.2.3-6　"选项"对话框

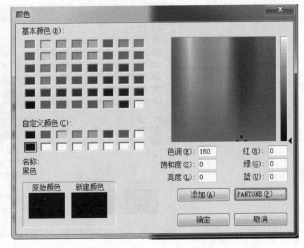

图 1.2.3-7　"颜色"对话框

（2）打开所需选项板

【操作步骤】

1）按顺序点击软件界面上方"视图"选项卡下"用户界面"下拉菜单，如

·图 1.2.3-8 所示。

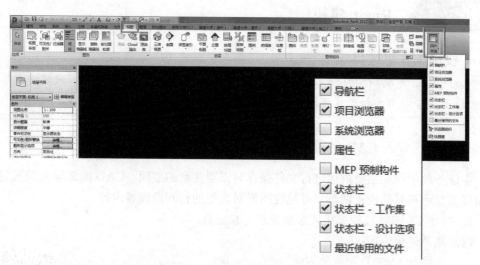

图 1.2.3-8　"用户界面"下拉菜单

2）在"用户界面"下拉菜单中找到所需选项板，如"属性"和"项目浏览器"，然后勾选左侧方框即可。

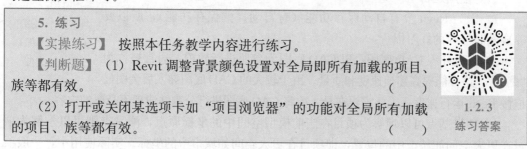

5. 练习

【实操练习】　按照本任务教学内容进行练习。

【判断题】（1）Revit 调整背景颜色设置对全局即所有加载的项目、族等都有效。　　　　　　　　　　　　　　　　（　　）

（2）打开或关闭某选项卡如"项目浏览器"的功能对全局所有加载的项目、族等都有效。　　　　　　　　　　　　（　　）

1.2.3

练习答案

模块 1.3 Revit 建模

模块 1.3 思政目标

通过 BIM 建模的学习和练习，向学生弘扬"严谨务实、团结协作、诚实守信"的工匠精神，帮助学生初步建立参数化建模的思维模式。

任务 1.3.1 导入 CAD 底图（首层平面图）并调整定位

本任务教学视频主要讲述进行文件保存时需要注意的事项、CAD 图纸导入及其定位、立面视图显示符号的位置调整、可见性图形对话框的打开设置等内容。

1. "1＋X" BIM 技能等级初级知识点与技能点

（1）熟悉建模流程；

（2）掌握导入 CAD 图纸的方法。

2. 教学视频

3. 使用逻辑、技巧与参数化技术应用点总结

（1）使用逻辑

1）因为 Revit 没有自动保存功能（有自动提醒保存功能），所以要养成随时保存的好习惯。

1.3.1
导入 CAD 底图
（首层平面图）
并调整定位

2）通过导入 CAD 底图，以 CAD 底图为参照进行建模，通常被称为"翻模"。这样能提高建模速度和质量。由于较大的 CAD 底图导入后会明显拖慢 Revit 运行速度，因此需要在导入前将 CAD 底图进行分割并清理不必要的内容。

3）项目基点可以理解为项目在当前模型空间中的坐标原点，测量点则可以理解为项目在更大空间如城市中的位置，即项目在更大空间如城市中的坐标。实际使用中，一般项目基点和测量点重合，且把项目左下角两条轴线的交点定位到项目基点，以此统一分工建模的相对坐标系统。

4）通过"解锁"与"锁定"的切换，灵活控制那些重要的、不能轻易被改变的图元以防被误操作。

（2）使用技巧

1）CAD 导入模型并调整好位置后需要立即锁定，否则一旦发生移位会导致模型定位错误，对后期模型合并等造成严重影响。

2）在大型项目中，由于 CAD 图比较庞大，载入 Revit 时，会影响载入速度和之后 Revit 的运行速度，可以在载入之前，把 CAD 图炸开，删除不必要的底图，保留要载入的图形另存为新的 CAD 图，再载入即可。

（3）参数化技术应用点

1）参数化控制项目原点坐标。

2）通过参数化控件控制图元可见性。

4. 视频中第一次出现的 Revit 命令和功能简介

（1）导入 CAD 底图

【操作步骤】

1）导入 CAD："插入面板"→"导入 CAD"。如图 1.3.1-1 所示。

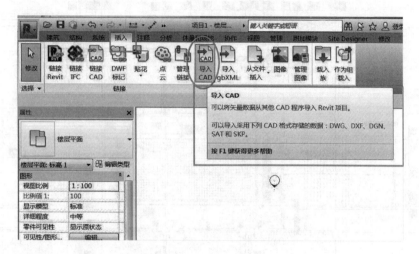

图 1.3.1-1 导入 CAD

2）弹出"导入 CAD 格式"对话框，注意标识处。如图 1.3.1-2 所示。

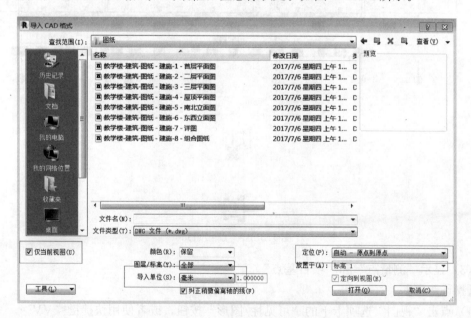

图 1.3.1-2 导入 CAD 格式设置

3）选取需要导入的 DWG 文件，单击"打开"按钮即可完成图纸导入。

（2）解锁/锁定

选中图元，点击此时出现的"禁止或允许改变图元位置"控件按钮，或者点击"修改"选项卡下的"解锁"或"锁定"按钮，即可对选中图元进行解锁或锁定。如图 1.3.1-3 所示。

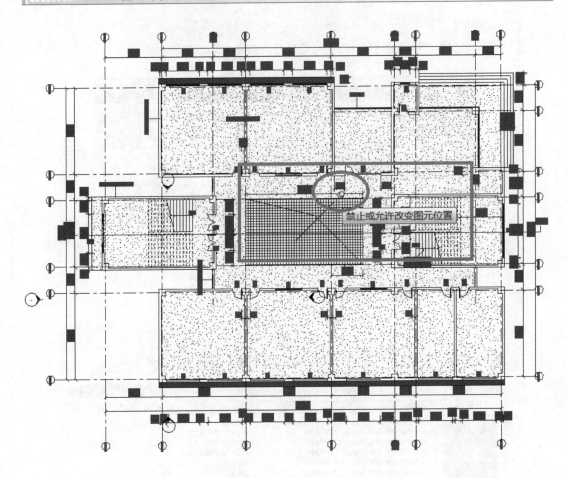

禁止或允许改变图元位置

图 1.3.1-3 解锁图元

（3）显示"测量点"和"项目基点"

【操作步骤】

1）点击"视图"选项卡下的"可见性/图形"按钮，或者使用快捷键<VV>。

可见性/
图形

图 1.3.1-4 "可见性/图形"按钮

2）在弹出的"可见性/图形替换"对话框中，勾选"可见性"这一列中"场地"下"测量点"和"项目基点"这两项。如图 1.3.1-5 所示。

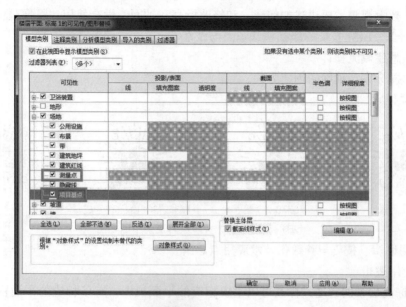

图 1.3.1-5 "测量点"和"项目基点"显示操作

（4）移动

【操作步骤】

1）选中需要移动的图元，点击"修改"选项卡下的"移动"按钮，或使用快捷命令＜MV＞。如图 1.3.1-6 所示。

2）点击需要移动图元的参照点，如 CAD 底图的 A 轴线与①轴线的交点。

3）然后再点击目的地的参照点，如"测量点"和"项目基点"。

图 1.3.1-6
移动符号

5. 练习

【实操练习】　按照本任务教学内容进行练习。

任务 1.3.2　标高、轴网绘制

本任务教学视频主要讲述如何建立和修改标高和轴网，学会使用"隐藏/显示"命令。

1. "1＋X" BIM 技能等级初级知识点与技能点

（1）熟悉建模流程；

（2）掌握标高、轴网的创建方法。

2. 教学视频

| 1.3.2-1　绘 | 1.3.2-2　绘 | 1.3.2-3　由标高生成 | 1.3.2-4 |
| 制标高之一 | 制标高之二 | 对应的平面视图 | 绘制曲线 |

3. 使用逻辑、技巧与参数化技术应用点总结

（1）使用逻辑

1）先标高后轴网，通过标高可以生成相应的平面视图，有了相应的平面视图，才方便按楼层进行建模。

2）可以用"复制"或"阵列"方法绘制的标高和轴网，但是用这种方式绘制的标高无法自动生成相应的平面视图。

3）标高和轴线的名称编号会自动递增变化，利用好这种特性可以提高标高和轴网的绘制效率。

4）本任务中介绍的隐藏方法是临时隐藏，即在当前项目被关闭后再重新打开，临时隐藏的图元会恢复到正常显示状态。临时隐藏只对当前视图有效，在其他视图中，被隐藏的图元仍然可以正常显示。使图元不可见，还有其他的方法，详见"任务 2.2.1"。

5）族的属性参数分为类型属性和实例（图元）属性。类型属性顾名思义，对属于同一族类型的图元都有效。实例属性则只对被选中的图元有效。当选中某个图元后，"属性"面板中可调整的属性参数或当前视图中与该图元有关的可调整参数即为实例属性，如图 1.3.2-1 所示；而点击"属性"面板"编辑类型"按钮弹出的"类型属性"对话框中可

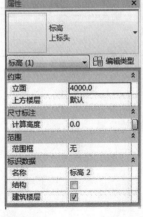 

图 1.3.2-1　实例属性调整

调整的属性参数即为类型属性，如图 1.3.2-2 所示。

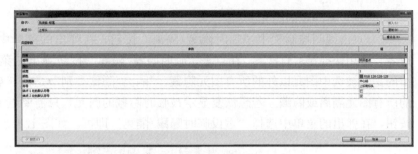

图 1.3.2-2　类型属性调整

6）先确定图元大概位置，再通过参数调整确定精确位置。

7）Revit 中涉及图元构件绘制的命令，都有相应的绘制工具可供选择，有些绘制工具较少，如标高绘制只有"直线"和"拾取线"两种；有些绘制工具较多，如墙绘制有包括"直线""拾取线"在内的 11 种。如图 1.3.2-3 所示。

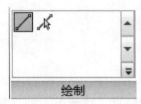
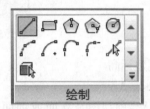

图 1.3.2-3　图元绘制工具

（2）使用技巧

利用标高和轴线的名称编号会自动递增变化，这一特性的具体例子：如标高的名称编号中表示楼层的数字放在最后，然后按从低到高的顺序绘制与楼层对应的标高；又如绘制轴网时，先按顺序绘制好所有整数形式和字母形式编号的轴线，最后再来绘制分数形式编号的轴线。

（3）参数化技术应用点

1）用类型属性参数和实例属性参数区别参数影响范围。

2）标高的标高数值参数与该标高在模型空间的位置相关联，调整标高数值参数，标高的具体位置会自动修改。

3）被选中图元出现的临时尺寸标注的尺寸参数值与该图元的相对位置相关联，调整该参数值，该图元的相对位置会自动修改。如图 1.3.2-4 所示。

图 1.3.2-4　图元的参数化

4. 视频中第一次出现的 Revit 命令和功能简介

（1）临时隐藏（隔离）/恢复显示

【操作步骤】

1）选定要隐藏的图元。

2）点击视图控制栏中"临时隐藏/隔离"按钮，在弹出的菜单中选择"隐藏图元"。或者，使用快捷键<HH>。在点击"临时隐藏/隔离"按钮弹出的菜单中，"隔离图元"指的是将被选中图元以外的所有图元隐藏。"隔离/隐藏类别"是将与被选中对象相同类型的所有图元隔离或隐藏。若想恢复显示被临时隐藏的图元，只需要点击"临时隐藏/隔离"按钮，在弹出的菜单中选择"重设临时隐藏/隔离"即可。如图 1.3.2-5 所示。

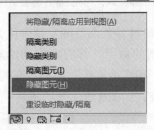

图 1.3.2-5　临时隐藏图元操作

（2）创建标高

【操作步骤】

1）确认当前视图是立面或剖面视图，然后点击"建筑"选项卡下的"标高"按钮（图 1.3.2-6），或者使用快捷键<LL>。

2）在"修改"选项卡中"绘制"区域，选择绘制工具。若选择"直线"绘制工具则按照后续步骤操作（软件默认"直线"绘制工具）。若选择"拾取线"绘制工具，则直接在当前视图中点击一条水平线即可绘制出一条标高，无需后续步骤。如图 1.3.2-7 所示。

3）在"属性"面板上部选择标高族类型。如图 1.3.2-8 所示。

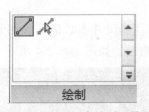

图 1.3.2-6　标高按钮　　　图 1.3.2-7　标高绘制工具　　　图 1.3.2-8　标高属性面板族类选择

4）点击"属性"面板中的"编辑类型"按钮，在弹出的"类型属性"对话框中设置好"线宽""颜色""线型图案"等属性参数，再点击"确定"按钮。如图 1.3.2-9、

图 1.3.2-10 所示。

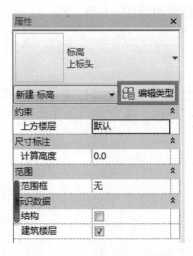

图 1.3.2-9 标高类型属性

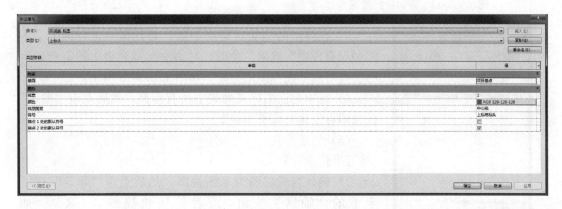

图 1.3.2-10 标高类型属性编辑器

5）在当前视图中通过点击两个点绘制一条水平直线的方式绘制出一条标高，然后再修改标高数值和标高名称编号。如图 1.3.2-11 所示。

（3）复制

【操作步骤】

1）选中需要复制的图元。

2）点击"修改"选项卡中的"复制"按钮，或者使用快捷键<CO>。

如图 1.3.2-12 所示。

图 1.3.2-11 标高修改

图 1.3.2-12 复制按钮

3）在当前视图中，把光标移动到合适的第一点，单击鼠标左键作为参照起点。

4）在当前视图中，把光标移动到合适的第二点，再次单击鼠标左键作为复制终点完成复制。

（4）创建平面视图

【操作步骤】

1）点击"视图"选项卡下"创建"区域中的"平面视图"按钮。如图1.3.2-13所示。

2）在弹出的菜单中选择"楼层平面"。如图1.3.2-14所示。

图1.3.2-13　平面视图按钮

图1.3.2-14　平面视图选项

图1.3.2-15　创建平面视图时需要注意的地方

3）在弹出的"新建楼层平面"对话框中，勾选上"不复制现有视图"选项。此时，对话框标高列表中就不会显示已经有对应平面视图的标高。如图1.3.2-15所示。

4）选中对话框标高列表中所有标高，然后点击"确定"按钮即可创建对应平面视图。

（5）创建标高

【操作步骤】

1）确认当前视图为平面视图，然后点击"建筑"选项卡下的"轴网"按钮，或者使用快捷键＜GR＞。如图1.3.2-16所示。

2）在"修改"选项卡中"绘制"区域，选择绘制工具。若选择"直线"绘制工具则按照后续步骤操作（软件默认"直线"绘制工具）。若选择"拾取线"绘制工具，则直接在当前视图中点击一条水平线即可绘制出一条轴线，无需后续步骤。如图1.3.2-17所示。

3）在"属性"面板上部选择轴网族类型。如图1.3.2-18所示。

图1.3.2-16　轴网按钮

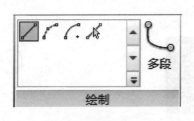

图1.3.2-17　轴网绘制工具

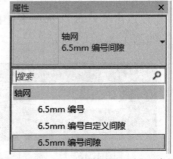

图1.3.2-18　轴网属性面板族类型

4）点击"属性"面板中的"编辑类型"按钮，在弹出的"类型属性"对话框中设置好其中的属性参数，再点击"确定"按钮。如图 1.3.2-19 所示。

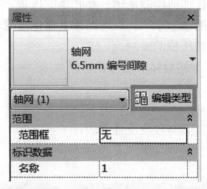

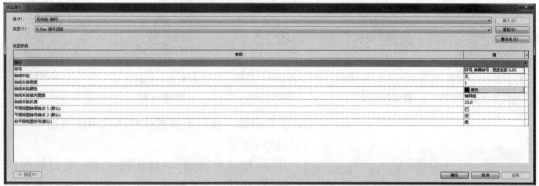

图 1.3.2-19 轴网编辑类型

5）在当前视图中通过点击两个点绘制一条水平直线的方式绘制出一条轴线，然后再修改轴线编号。如图 1.3.2-20 所示。

图 1.3.2-20 轴线编号修改

5. 练习

【实操练习】 按照本任务教学内容进行练习。

任务 1.3.3　墙体绘制

本任务教学视频主要讲述如何绘制墙体、女儿墙的压顶、Tab 键的使用技巧，以及在手动调整复杂墙体连接时候的注意事项。以帮助读者快速准确地完成墙体绘制，同时学会通过载入轮廓族，进行女儿墙压顶的绘制。

1. "1＋X" BIM 技能等级初级知识点与技能点

（1）熟悉建模流程；

（2）掌握墙体创建方法；

（3）掌握一般实体属性定义与参数设置方法；

（4）掌握族的载入方法。

2. 教学视频

| 1.3.3-1　一层 | 1.3.3-2　一层 | 1.3.3-3　二层 | 1.3.3-4　三层 | 1.3.3-5 |
| 墙体绘制之一 | 墙体绘制之二 | 墙体绘制 | 墙体绘制 | 女儿墙绘制 |

3. 使用逻辑、技巧与参数化技术应用点总结

（1）使用逻辑

1）Revit 框选逻辑与 CAD 相同。从左至右的选择框，图元构件必须完全在框内才能被选中；从右至左的选择框，图元构件只需部分在框内就能被选中。

2）Revit 中的墙、柱这类竖向构件必定会有"底/顶部约束"和"底/顶部偏移"这类实例（图元）属性参数，这类属性参数相互配合共同确定竖向构件底部和顶部的精确定位，及由此确定的构件精确长度。如图 1.3.3-1 所示。

3）在绘制墙体之前需要对"类型属性"和"实例属性"进行设置，然后再进行绘制。其中"类型属性"是针对同一类型的对象设置的属性，包括平面尺寸（厚度）和材质等，如果是幕墙还有相关竖梃的参数设置，如果修改"类型属性"，则同一种类型的构件的属性都会随之改变；"实例属性"是针对每一个实例设置的属性，包括约束、结构、尺寸标注、设计阶段等参数，修

图 1.3.3-1　墙柱实例属性编辑

改实例属性，需要选中一个实例对象进行修改，修改后的参数也只对选中对象起作用，对同一类型的其他对象无效。设置好"类型属性"和"实例属性"后绘制的每一个构件对象同时满足"类型属性"和"实例属性"的所有设置参数要求。

4）Revit 中墙体、楼板这类自身具有分层结构的构件，在编辑其"结构"类型属性的时候，每一层都需要选择一项软件已经定义好的"功能"参数。墙板族类型编辑功能参

数如图 1.3.3-2 所示。墙板功能参数意义见表 1.3.3-1。

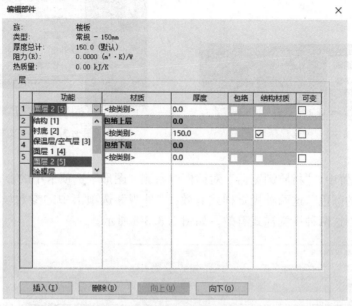

图 1.3.3-2　墙板族类型编辑功能参数

墙板功能参数意义　　　　　　　　　　表 1.3.3-1

功能（名称）	优先权	简述
结构[1]	1	构件中主要起承载骨架作用的层。例如墙体中的砌块或砖、楼板中的钢筋混凝土层
衬底[2]	2	作为其他层的基础层,例如胶合板或石膏板
保温层/空气层[3]	3	隔绝并防止空气渗透的层
面层 1[4]	4	通常为外部层
面层 2[5]	5	通常为内部层
涂膜层		通常用于防止水蒸气渗透的薄膜,厚度应该为 0

这 6 种"功能"参数除"涂膜层"外,均设定了对应的连接优先权。"功能"参数名称后面的"[1]"就是优先权序号,"[1]"优先权最高,"[5]"最低。具有分层结构的构件连接处,较高优先权的层比较低优先权的层先连接;较高优先权的层可以穿过较低优先权的层进行连接,反之则不行。由于"涂膜层"厚度为 0,所以不存在连接优先权。

5）这类有内外之分的图元构件,Revit 软件默认外侧朝向绘制方向的左侧,内侧朝向绘制方向的右侧。

6）Revit 中显示的精细程度可以通过视图控制栏中的"详细程度"参数选项调整,一共有"粗略""中等""精细"3 种可选。"详细程度"参数选项只对当前视图有效。如图 1.3.3-3 所示。

7）Revit 中通过视图控制栏中的"视觉样式"参数选项实现模型真实、着色、线框等不同视觉样式的控制。"视觉样式"一共有"线框""隐藏线""着色""一致的颜色""真实""光线追踪"6 种选项。"视觉样式"参数选项只对当前视图有效。如图 1.3.3-4 所示。

图 1.3.3-3　图形显示精度

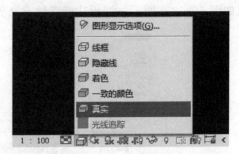

图 1.3.3-4　视觉样式

8）材质设置中，"材质浏览器"对话框中右侧"图形"选项卡中的参数设置只对"着色"和"一致的颜色"这两种视觉样式有效；"外观"选项卡中的参数设置只对"真实"和"光线追踪"这两种视觉样式有效。如图 1.3.3-5 所示。

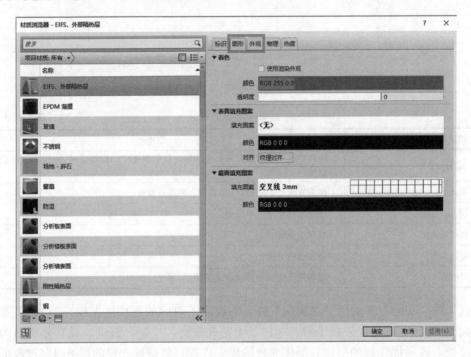

图 1.3.3-5　材质浏览器

9）Revit 中"修改"选项卡下，"剪贴板"区域的"复制到剪贴板"命令和"修改"区域的"复制"命令是不一样的。前者可以把构件在不同文件中进行复制，也可以在不同视图及不同楼层中进行复制；后者只能把构件在当前视图中进行复制。

10）作为依附于墙体的墙饰条的此类图元构件，有两种方式添加。一种方式就是本任务介绍的，在编辑墙体类型属性"结构"时，在"编辑部件"对话框中点击"预览"按钮打开左侧预览窗口后，才能点击"墙饰条"按钮进行添加；另一种方式是选择"建筑"选项卡下"墙"按钮的子命令"墙：饰条"进行添加。二者共同的地方是都要选择这类图元构件的断面轮廓。

11）墙体绘制时不需要在门、窗、幕墙位置留出洞口，因为门、窗、幕墙这类图元构件可以自动嵌入墙体，自动形成相应的洞口。

12）Revit 的"修剪"命令与 CAD 不同，两个墙体平面连接的时候，保留哪边选哪边，和 CAD 刚好相反。"延伸"命令和 CAD 相同，先选择延伸到的目标，再选择要延伸的构件，即可完成构件的延伸连接。

13）新的族类型的生成一般都是"复制"已有族类型，然后"重命名"并调整相应类型参数而来。这样做可以使得软件原有族类型的类型参数不会人为改变，保证新的族类型的类型参数的参照物始终保持一致。

图 1.3.3-6　勾选"链"按钮

14）在图元绘制命令（如墙绘制）中若有" ☑链 "这样的勾选项存在，则此项勾选上就可以连续绘制该图元，即下一个图元的起点就是上一个图元的终点。如图 1.3.3-6 所示。

（2）使用技巧

1）Tab 的使用：将光标放在要选择的实例上，图形亮显后，按 Tab 键，直到选中所有类型为止，点击鼠标左键，即可快速选择同一类型构件。此技巧成功的前提条件是，图元构件是同一族类型，且首尾相连。Tab 键使用技巧详见教学视频 1.3.3-6。

2）当墙体连接较为复杂时，软件自动连接的结果往往不符合用户的真实需求，需要手动调整，此时需要注意一些细节。楼梯间转角处复杂墙体连接处理技巧详见教学视频 1.3.3-7。

1.3.3-6　Tab 键使用技巧

3）在导入 CAD 底图辅助翻模的情况下，宜采用"线框"这种视觉样式，这样做的好处是在绘制门、窗时不会因已经绘制好的墙体挡住底图，而令门、窗不好定位。

4）根据"外侧朝向绘制方向的左侧，内侧朝向绘制方向的右侧"这一软件使用逻辑，绘制外墙时尽量遵循顺时针绘制的原则。

（3）参数化技术应用点

1）通过参数对显示精度与视图样式进行控制。

2）通过"底/顶部约束"和"底/顶部偏移"这类实例（图元）属性参数，对墙体底部和顶部的精确定位进行控制，而墙体的高度与这些属性参数自动关联。

1.3.3-7　楼梯间转角处复杂墙体连接处理技巧

3）通过"功能"参数选项来控制具有分层结构构件每层的连接优先权。

4）通过"视图样式"参数选项与材质属性"图形""外观"的不同分区相配合，实现不同视觉样式下不同的显示效果，满足更丰富的用户需求。

4. 视频中第一次出现的 Revit 命令和功能简介

（1）从其他视图转换到三维视图

【执行方式】

点击软件左上角自定义快速访问工具栏中的"默认三维视图按钮"，或者双击项目浏览器中"｛三维｝"视图。如图 1.3.3-7、图 1.3.3-8 所示。

图 1.3.3-7　"默认三维视图"按钮　　　　　　图 1.3.3-8　三维视图转换方式

（2）三维视图视角控制

图 1.3.3-9　三维视图"视图方块"

【执行方式】

1）缩放三维视角：旋转鼠标中间滚轮。

2）平移三维视角：按住鼠标中间滚轮同时移动光标。

3）任意旋转三维视角：方法一，快捷键＜Shift＋鼠标中间滚轮＞一直按住同时移动鼠标光标；方法二，鼠标光标移动到视图右上角"视图方块"控件范围内，按住鼠标左键然后移动鼠标光标，或者通过单击"视图方块"控件上某个部位调整到已经预设好的对应视角，如"前"视角。如图 1.3.3-9 所示。

（3）绘制墙体

【操作步骤】

1）确认当前视图为平面视图。点击"建筑"选项卡下"墙"按钮的子命令"墙：建筑"（若是承重墙则选择子命令"墙：结构"），或者使用快捷键＜WA＞。如图 1.3.3-10 所示。

2）在"属性"面板上部族类型选择区域选择合适的墙类型。如图 1.3.3-11 所示。

3）点击"属性"面板的"编辑类型"按钮。

4）在弹出的"类型属性"对话框中，若在第 2）步没有合适的墙类型可选，则在此时可以点击该对话框中的"复制"按钮，在弹出的"名称"对话框中重新命名（注意命名规则）后点击"确定"按钮，再点击"类型属性"对话框中"结构"参数右侧的"编辑"

图 1.3.3-10　绘制建筑墙体命令

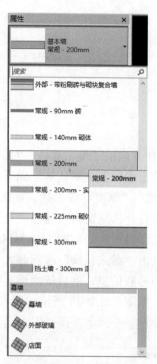

图 1.3.3-11　族类型选择器

按钮。若在第 2）步已选择好合适的墙类型，则直接点击"类型属性"对话框中"结构"参数右侧的编辑按钮。如图 1.3.3-12、图 1.3.3-13 所示。

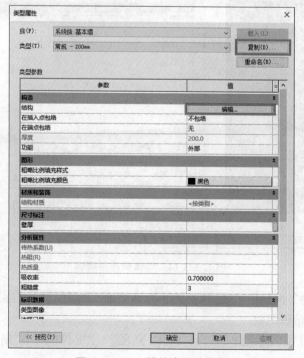

图 1.3.3-12　墙体类型编辑器

图 1.3.3-13　墙体重命名

5）在弹出的"编辑部件"对话框中进行"插入"层，通过"向上"和"向下"调整插入层的正确位置（默认从上到下与实际墙体从外到内分布对应）。再设置每一层的"功能""材质""厚度"等参数。如图 1.3.3-14 所示。若有墙饰条，则点击该对话框中"预览"按钮打开预览窗口（通过"视图"参数选项可选择剖面或平面视图），此时"墙饰条"按钮点亮可以点击，如图 1.3.3-14 所示。点击此按钮后，在弹出的"墙饰条"对话框中，先通过点击"载入轮廓"按钮载入合适的轮廓族，再点击"添加"按钮在列表中增加一条墙饰条的参数信息，然后依次设置好"轮廓""材质"等墙饰条参数后，点击"确定"按钮即可，如图 1.3.3-15 所示。所有参数设置完毕后，依次点击"编辑部件"对话框中的"确定"按钮——"类型属性"对话框中的"确定"按钮。

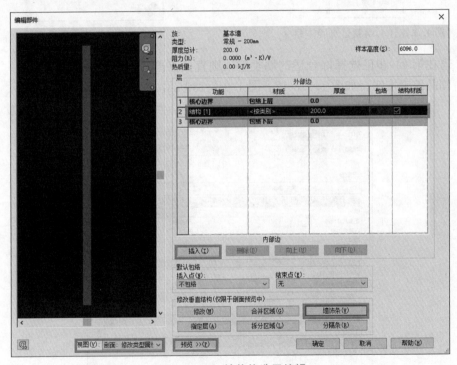

图 1.3.3-14　墙体构造层编辑

6）设置"属性"面板中"底/顶部约束"和"底/顶部偏移"的实例属性参数值，确定墙的底部和顶部精确定位。

7）依次设置好临时状态栏中的"深度/高度""定位线""偏移量"等参数。如图 1.3.3-16 所示。

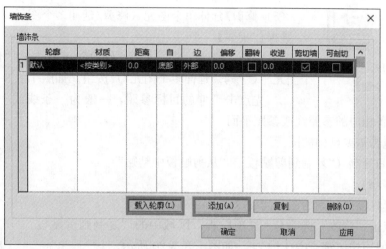

图 1.3.3-15 墙饰条编辑

图 1.3.3-16 墙体选项栏设置

8）在"修改"选项卡下"绘制"区域中选择好绘制工具。

9）若绘制工具是"直线"，则在当前视图中通过点击两个点绘制一条水平直线的方式绘制出一堵墙；若绘制工具是"拾取线"，则在当前视图中通过选择一条线的方式绘制出一堵墙。

（4）修剪/延伸为角

【操作步骤】

图 1.3.3-17 "修剪/延伸为角"按钮

1）点击"修改"选项卡下"修改"区域中的"修剪/延伸为角"按钮，或使用<TR>快捷键。如图 1.3.3-17 所示。

2）分别点击需要连接或修剪的两个图元需要保留的部分。若未连接的两个图元经过此操作后就会连接；若已连接的两个图元则会去除掉突出部分。如图 1.3.3-18 所示。

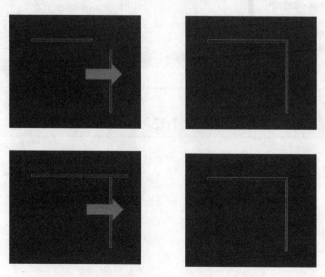

图 1.3.3-18 修剪命令的使用

图 1.3.3-19　修剪/
延伸单个图元

（5）修剪/延伸单个图元（修剪/延伸多个图元）

【操作步骤】

1）点击"修改"选项卡下"修改"区域中的"修剪/延伸单个图元"（"修剪/延伸多个图元"）按钮。如图 1.3.3-19 所示。

2）先点击延伸的目标参照，一般为一条线或一个面，而图元一般都具备相应的参照线或参照平面。

3）再点击需要延伸的图元。

（6）层间复制（"复制到剪贴板"和"从剪贴板中粘贴"）

【操作步骤】

1）选择好需要复制的图元。

2）先点击"修改"选项卡下"剪贴板"区域中的"复制到剪贴板"按钮，或者使用快捷键<Ctrl＋C>。如图 1.3.3-20 所示。

3）再点击"修改"选项卡下"剪贴板"区域中的"从剪贴板中粘贴"按钮的子命令"与选定的标高对齐"。如图 1.3.3-21 所示。

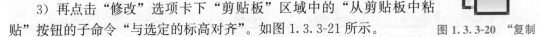

图 1.3.3-20　"复制
到剪贴板"按钮

4）在弹出的"选择标高"对话框中选择好需要粘贴的标高（楼层），然后点击"确定"按钮即可。如图 1.3.3-22 所示。

图 1.3.3-21　"从剪贴板中粘贴"按钮

图 1.3.3-22　粘贴到指定标高操作

5. 练习

【实操练习】　按照本任务教学内容进行练习。

任务 1.3.4　门窗绘制

本任务教学视频主要讲述通过载入已建好的门、窗族，绘制门窗的方法。同时如何快速定位门窗平面尺寸以及调整门、窗的开启方向。

1. "1＋X" BIM 技能等级初级知识点与技能点

（1）熟悉建模流程；

（2）掌握门窗创建方法。

2. 教学视频

3. 使用逻辑、技巧与参数化技术应用点总结

（1）使用逻辑

1.3.4-1　门窗　1.3.4-2　门窗
绘制之一　　绘制之二

1）门、窗是基于墙体的图元构件，即没有墙体就无法放置门、窗这类图元构件。Revit 中门、窗属于可载入族（外建族），软件自带的门、窗族及族类型比较少，无法满足用户的需求，尤其是个性化的需求，因此往往需要用户自己单独根据需求来创建门、窗族。门、窗族创建方法详见"任务 2.3.8"。

2）载入族时要注意，在某图元构件绘制编辑状态下，通过"插入"选项卡下"载入族"命令只能载入该类图元构件的族，如在绘制门的状态下，就只能载入门族，窗及其他类别的族都无法载入。只有在没有执行任何命令的状态下，通过"插入"选项卡下"载入族"命令才能载入任何类别的族。

3）如门、窗、墙这类带有翻转功能的图元构件，无论在绘制结束前的预览状态还是绘制结束后都可以用空格键进行翻转。

4）通过过滤器快速选择所需图元构件的局限性：因为过滤器列表只是所选中的图元构件的类别这个层级的列表，所以无法进行族和类型这两个层级的快速选择。

（2）使用技巧

1）在 CAD 底图上如果不知道门窗平面尺寸，可以通过测量的方法获知其尺寸，然后选择相应的门窗族进行绘制。

2）门、窗这类图元构件可以先放置大概位置，再参数化调整精确定位。

3）通过过滤器快速选择所需图元构件。

（3）参数化技术应用点

1）通过调整临时尺寸标注或永久尺寸标注的参数值来给门、窗进行精确定位。

2）通过翻转控件直接对图元构件进行镜像调整。

4. 视频中第一次出现的 Revit 命令和功能简介

（1）载入族

图 1.3.4-1　"载入族"按钮

【操作步骤】

1）确认没有执行任何命令。点击"插入"选项卡下"载入族"按钮。

2）在弹出的"载入族"对话框中，找到正确的路径下存放的所需族文件，再点击"打开"按钮。如图 1.3.4-2 所示。

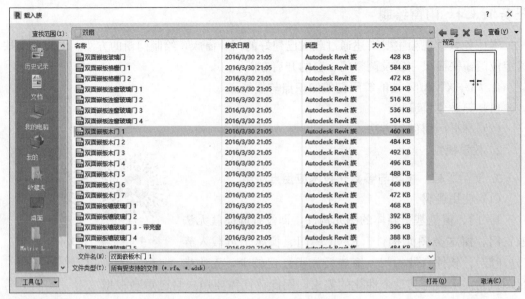

图 1.3.4-2　选择要载入的族

图 1.3.4-3　门窗按钮

（2）门（窗）绘制

【操作步骤】

1）载入所需的门（窗）族。

2）点击"创建"选项卡下的"门"（"窗"）按钮，或者使用快捷键<DR>（<WN>）。如图 1.3.4-3 所示。

3）在"属性"面板选择所需的门（窗）类型。如图 1.3.4-4 所示。

4）将光标移到视图中墙体需要绘制门（窗）的大概位置，通过预览观察门（窗）开启方向，微调光标位置调整门（窗）垂直墙长度方向的开启方向，然后通过空格键调整门（窗）平行墙长度方向的开启方向。门（窗）开启方向调整好后再单击鼠标左键将门（窗）放置好。

5）用"对齐"命令或通过调整临时尺寸标注参数值的方法确定门（窗）的精确定位。

（3）对齐

【操作步骤】

1）点击"修改"选项卡下"修改"区域中的"对齐"按钮，或者使用快捷键<AL>。如图 1.3.4-5 所示。

2）先点击对齐的目标参照线或参照平面。

3）再点击需要对齐的图元构件的参照线或参照平面。

（4）过滤器快速选择

【操作步骤】

1）通过框选选中包含所需图元构件的图元集合，然后点击"修改"选项卡下"选择"区域中的"过滤器"按钮。如图 1.3.4-6 所示。

图 1.3.4-4　门（窗）
族类型选择

图 1.3.4-5　对齐按钮

图 1.3.4-6　过滤器按钮

2）在弹出的"过滤器"对话框中只勾选所需的图元构件类别，然后点击"确定"（图 1.3.4-7）。

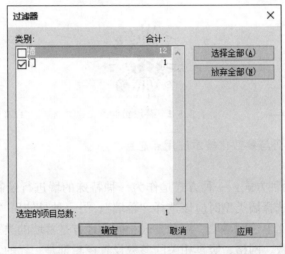

图 1.3.4-7　通过过滤器选择放弃或留下的对象

5. 练习

【实操练习】　按照本任务教学内容进行练习。

任务 1.3.5　幕墙绘制

本任务教学视频主要讲述如何绘制幕墙。选择适合的幕墙类型，通过编辑幕墙的网格间距来调整依附于网格线的竖梃位置。如果需要改变某些位置的嵌板类型，需要删除某些网格线，然后通过改变嵌板类型，来编辑带有门窗的幕墙。

1. "1+X" BIM 技能等级初级知识点与技能点

（1）熟悉建模流程；

（2）掌握幕墙创建与修改方法。

2. 教学视频

1.3.5-1　幕墙绘制之一　　　1.3.5-2　幕墙绘制之二　　　1.3.5-3　幕墙绘制之三

3. 使用逻辑、技巧与参数化技术应用点总结

（1）使用逻辑

1）幕墙绘制有两种方式：一种方式是作为一种特殊的墙进行绘制，因此执行方式与绘制墙相同，只是在选择墙类型时应该选择"幕墙"；另一种是使用"幕墙系统"，这种方式只能选择在体量的面上绘制幕墙。两种方式相同的地方是幕墙的类型属性和实例属性基本一致，即与幕墙嵌板、网格、竖梃相关的参数设置逻辑都是一样的。

2）在以特殊墙体方式绘制幕墙的过程中，可选择的幕墙类型有"幕墙""外部玻璃""店面"3 种。根据这些幕墙类型提供三种复杂程度，可以对其进行简化或增强。最常用的还是"幕墙"类型。如图 1.3.5-1 所示。

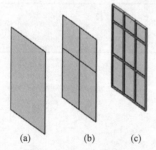

图 1.3.5-1　幕墙类型
（a）幕墙；（b）外部玻璃；（c）店面

幕墙：没有网格或竖梃。没有与此墙类型相关的规则。此墙类型的灵活性最强。

外部玻璃：具有预设网格。如果设置不合适，可以修改网格规则。

店面：具有预设网格和竖梃。如果设置不合适，可以修改网格和竖梃规则。

3）在一般应用中，幕墙常常定义为薄的、通常带铝框的墙，包含填充的玻璃、金属嵌板或薄石。绘制幕墙时，单个嵌板可延伸墙的长度。如果所创建的幕墙具有自动幕墙网格，则该墙将被再分为几个嵌板。

4）在幕墙中，网格线定义放置竖梃的位置，即竖梃是依附于网格而存在的。竖梃是分割相邻嵌板单元的结构图元。可通过选择幕墙并单击鼠标右键访问关联菜单，来修改该幕墙。在关联菜单上有几个用于操作幕墙的选项，例如选择嵌板和竖梃。

5）Revit 软件中幕墙上的门、窗是以一种特殊的嵌板类型存在的，因此幕墙上的门、窗族类别与普通门、窗族类别不同。直接的影响就是，在绘制门、窗时，在可选的门、窗族类型中是找不到幕墙门、窗族型的，反之亦然。

6）幕墙是由竖梃、嵌板、网格线等多个部件构成的一个整体，想要选择整个幕墙时一定要注意不要错选成某个部件，尽量把鼠标光标移动到幕墙的边缘，在用<Tab>键切换选中对象时，注意观察，当出现包含整个幕墙的立体虚线呈蓝色高亮显示时，才表示可以选中整个幕墙。如图1.3.5-2所示。

（2）使用技巧

1）编辑幕墙网格线和玻璃嵌板的时候，用<Tab>键对网格线和嵌板进行选择。如果切换循环一轮还是没有选中，可以微调一下三维视角再尝试。

2）通过幕墙的类型属性和实例属性相关参数的设置实现大部分规则竖梃的布置，然后再通过移动、添加、删除个别幕墙网格线的方式布置局部不规则的竖梃，这样绘制幕墙效率比较高。

图 1.3.5-2　幕墙的选中效果

（3）参数化技术应用点

幕墙的类型属性和实例属性中与网格相关的参数设置可以实现大部分规则竖梃的布置，局部个别不规则的竖梃布置可以通过修改该竖梃依附的网格线的临时尺寸标注参数值的方式进行调整。

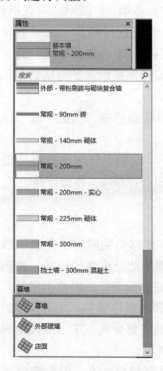

图 1.3.5-3　幕墙绘制
选择的类型

4. 视频中第一次出现的 Revit 命令和功能简介

（1）绘制幕墙

【操作步骤】

1）打开楼层平面视图或三维视图。点击"建筑"选项卡下"构建"区域中"墙"的子命令"墙：建筑"，或者使用快捷键<WA>。

2）在"属性"面板上部族类型选择区域选择"幕墙"类型。如图1.3.5-3所示。

3）点击"属性"面板的"编辑类型"按钮。

4）在弹出的"类型属性"对话框中点击"复制"按钮，在弹出的"名称"对话框中为即将生成的新幕墙类型进行命名。然后再点击"名称"对话框中的"确定"按钮返回"名称"对话框中。

5）在"类型属性"对话框中勾选"自动嵌入"选项；"幕墙嵌板"参数选择"系统嵌板：玻璃"；然后依次设置"垂直网格"与"水平网格"的"布局"与"间距"参数、"垂直竖梃"和"水平竖梃"的类型，包含"内部类型"和"边界1（2）类型"。再点击"确定"按钮。如图1.3.5-4所示。

6）在"属性"面板中设置好"底（顶）部约束"和

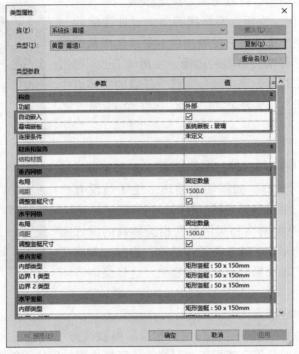

图 1.3.5-4　幕墙类型属性编辑器

"底（顶）部偏移"参数，确定幕墙底部和顶部的精确定位。若第 5）部中"垂直网格"与"水平网格"的"布局"参数选择的是"固定数量"，则"属性"面板中"垂直网格"与"水平网格"的"编号"参数可以设置，这个"编号"指的就是网格数量。如图 1.3.5-5 所示。

7）根据需要设置好临时状态栏的"□链"和"偏移量"参数（图 1.3.5-6）。

8）在"修改"选项卡下"绘制"区域选择好合适的绘制工具，然后在当前视图中进行幕墙实体的绘制。

（2）移动已有幕墙网格线

【操作步骤】

1）将鼠标光标移动到需要移动的网格线任意一段竖梃，然后连续按<Tab>键切换此处重叠的图元，直到代表幕墙网格线的虚线蓝色高亮显示为止，再单击鼠标左键选中此网格线。此过程中，若出现连续按<Tab>键始终无法切换到网格线的情况，则需要微调一下三维视角再重复上述过程。如图 1.3.5-7 所示。

2）由于幕墙网格线默认是锁定状态，因此需要通过点击视图中被选中的幕墙网格线出现的"静止或允许改变图元位置"按钮，或点击"修改"选项卡下"修改"区域

图 1.3.5-5　幕墙实例属性设置

图 1.3.5-6　设置临时状态栏的"□链"和"偏移量"参数

的"解锁"按钮将该网格线解锁。

3）调整临时尺寸标注的参数值即可移动所选幕墙网格线。如图 1.3.5-8 所示。

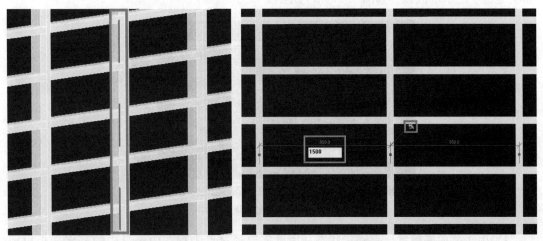

图 1.3.5-7　幕墙网格线的捕捉　　　　图 1.3.5-8　幕墙网格线临时尺寸调整

（3）删除已有幕墙网格线片段

【操作步骤】

1）、2）同"（2）移动已有幕墙网格线"中 1）和 2）的步骤。

3）点击"修改"选项卡下"幕墙网格"区域中的"添加/删除线段"按钮。如图 1.3.5-9 所示。

4）将鼠标光标移动到需要删除的幕墙网格线段处单击鼠标左键。注意单击鼠标左键即可，若在同样位置再次点击鼠标左键，则会将被删除的网格重新添加回来。判断幕墙网格线段是否被删除，只需观察附着其上的竖梃是否消失。如图 1.3.5-10 所示。

图 1.3.5-9　幕墙网格"添加/删除线段"按钮

图 1.3.5-10　幕墙网格"添加/删除"网格线

（4）添加幕墙门窗

【操作步骤】

1）载入幕墙门（窗）族。

2）将鼠标光标移动到需要添加门（窗）的幕墙嵌板边缘处，通过连续按<Tab>键切换此处重叠的图元，直到代表幕墙嵌板的边缘实线线框蓝色高亮显示为止，此时单击鼠标左键选中此幕墙嵌板。如图1.3.5-11所示。

图1.3.5-11　幕墙嵌板的选中

3）由于幕墙嵌板默认是锁定状态，因此需要通过点击视图中被选中的幕墙嵌板出现的"静止或允许改变图元位置"按钮，或点击"修改"选项卡下"修改"区域的"解锁"按钮将该幕墙嵌板解锁。

4）在"属性"面板上部族类型选择区域选择合适的门（窗）嵌板类型。如图1.3.5-12、图1.3.5-13所示。

图1.3.5-12　幕墙嵌板的替换

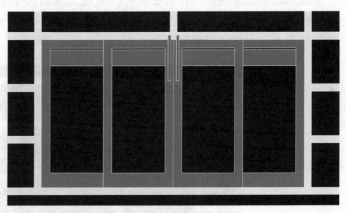

图1.3.5-13　幕墙嵌板替换后的效果

5. 练习

【实操练习】　按照本任务教学内容进行练习。

任务 1.3.6　楼板与屋顶绘制

本任务教学视频主要讲述如何绘制楼面和屋面，以及楼面、屋面开洞的时候恰当调整竖井的范围，屋面的天窗绘制方法。从而使读者掌握楼面、屋面以及天窗的绘制方法。

1. "1＋X"BIM 技能等级初级知识点与技能点

（1）熟悉建模流程；

（2）掌握楼面、屋面、天窗的创建方法。

2. 教学视频

1.3.6-1　室内地面和楼板绘制之一　　1.3.6-2　室内地面和楼板绘制之二　　1.3.6-3　屋顶绘制　　1.3.6-4　楼板开洞　　1.3.6-5　屋顶天窗绘制

3. 使用逻辑、技巧与参数化技术应用点总结

（1）使用逻辑

1）楼板、屋顶、洞口、竖井、天窗的边界轮廓均要求闭合、光滑、无突出，且楼板或屋顶的边界轮廓不能与洞口、竖井、天窗的边界轮廓相交。

2）楼板、屋顶开洞口的方式一般有两种：一种方式是直接通过"编辑边界"命令在楼板、屋顶的边界轮廓内部绘制洞口的轮廓，注意洞口的轮廓不能与楼板、屋顶的边界轮廓相交；另一种方式是用"竖井"命令方式给楼板、屋顶开洞。由于竖井是有高度的，因此用竖井开洞有个好处，可以同时给多层楼板开相同位置、形状、大小的洞口。

3）楼板和屋顶在高度定位上自身的参照平面不一样。楼板是板顶，屋顶是板底。

4）Revit 中天窗是作为一种特殊的屋顶类型存在，因此绘制命令同屋顶，只是需选择"玻璃斜窗"这种屋顶类型。天窗自身的结构比较接近玻璃幕墙（竖梃＋玻璃嵌板），因此天窗的类型属性参数和实例属性参数的设置与幕墙几乎一致。

5）剖面框剖切三维视图的显示逻辑：处于剖面框之内的图元构件被显示，反之则不显示。六面体剖面框每个面都可以任意移动，从而控制显示范围，与面接触的图元构件形成剖切面。

（2）使用技巧

1）绘制楼板、屋顶的时候，当点击"完成编辑模式"按钮出现警告，说明楼板的边缘线没有封闭或转角处不光滑有突出，可以通过"修剪/延伸为角"命令进行处理。如图 1.3.6-1 所示。

2）绘制完屋顶边界轮廓后，发现忘了去掉"□定义坡度"的勾选，可以先选中已绘制好的屋面边界轮廓线，再将该项勾选去掉即可。如图 1.3.6-2 所示。

（3）参数化技术应用点

1）通过"标高"和"自标高的底部偏移"这两个属性参数配合确定楼板、屋顶、天窗高度的精确定位。

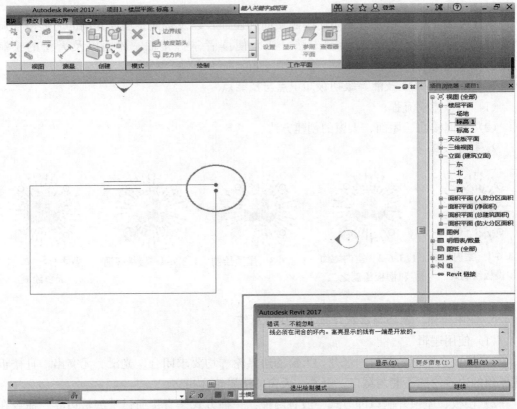

图 1.3.6-1 楼板绘制警告

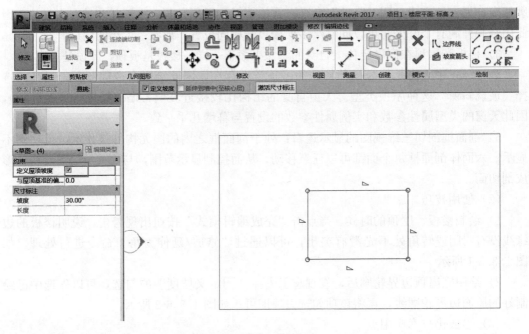

图 1.3.6-2 屋顶坡度设置挽救方法

2) 通过"功能"参数选项来控制具有分层结构构件每层的连接优先权。

3) 天窗的类型属性参数和实例属性参数中与网格相关的参数设置可以实现大部分规则竖梃的布置,局部个别不规则的竖梃布置可以通过修改该竖梃依附的网格线的临时尺寸标注参数值的方式进行调整。

4) 通过"底/顶部约束"和"底/顶部偏移"这类实例(图元)属性参数,对竖井底部和顶部的精确定位进行控制,而竖井的高度与这些属性参数自动关联。

4. 视频中第一次出现的 Revit 命令和功能简介

(1) 创建楼板

【操作步骤】

1) 确认当前视图为平面视图或三维视图。点击"建筑"选项卡下"构建"区域"楼板"命令的子命令"楼板:结构",或者使用快捷键<SB>。如图 1.3.6-3 所示。

2) 在"属性"面板上部族类型选择区域选择合适的板类型。如图 1.3.6-4 所示。

图 1.3.6-3 绘制楼板

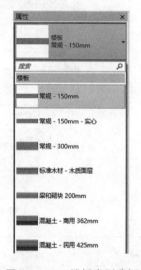

图 1.3.6-4 楼板类型选择

3) 点击"属性"面板的"编辑类型"按钮。

4) 在弹出的"类型属性"对话框中,若在第 2) 步没有合适的板类型可选,则在此时可以点击该对话框中的"复制"按钮,在弹出的"名称"对话框中重新命名(注意命名规则)后点击"确定"按钮,再点击"类型属性"对话框中"结构"参数右侧的"编辑"按钮。若在第 2) 步已选择好合适的板类型,则直接点击"类型属性"对话框中"结构"参数右侧的编辑按钮。如图 1.3.6-5 所示。

5) 在弹出的"编辑部件"对话框中进行"插入"层,通过"向上"和"向下"调整插入层的正确位置(默认与实际楼板从上到下的分布一致)。再设置每一层的"功能""材质""厚度"等参数。所有参数设置完毕后,依次点击"编辑部件"对话框中的"确定"按钮——"类型属性"对话框中的"确定"按钮。如图 1.3.6-6 所示。

6) 设置"属性"面板中"标高"和"自标高的高度偏移"的实例属性参数值,确定板顶的精确定位。如图 1.3.6-7 所示。

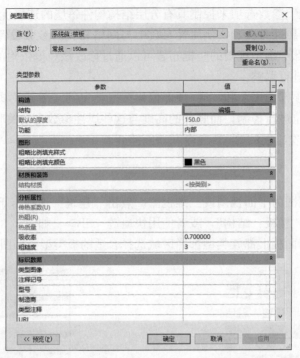

图 1.3.6-5　楼板类型属性重命名

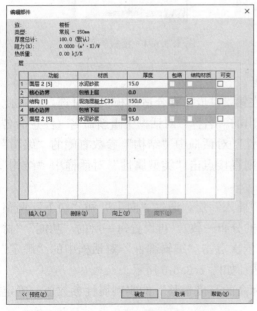

图 1.3.6-6　楼板结构层次构造设置

图 1.3.6-7　楼板实例属性标高设置

7）在"修改"选项卡下"绘制"区域中选择好绘制工具。如图 1.3.6-8 所示。

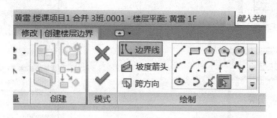

图 1.3.6-8　楼板绘制工具

8）在当前视图中绘制楼板轮廓线。注意楼板轮廓线必须闭合，既不能出现不连接的缺口，也不能出现有突出不光滑的结点，如图 1.3.6-9 所示。

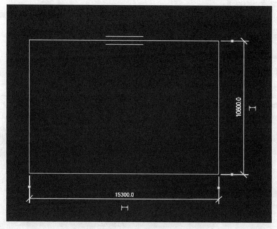

图 1.3.6-9　楼板轮廓绘制

9）确认楼板轮廓没有问题后，点击"修改"选项卡下"模式"区域中的"完成编辑模式"按钮完成楼板的绘制。如图 1.3.6-10 所示。

（2）创建屋顶

【操作步骤】

1）确认当前视图为平面视图或三维视图。点击"建筑"选项卡下"构建"区域"屋顶"命令的子命令"迹线屋顶"。如图 1.3.6-11 所示。

2）在"属性"面板上部族类型选择区域选择合适的屋顶类型。如图 1.3.6-12 所示。

3）点击"属性"面板的"编辑类型"按钮。

4）在弹出的"类型属性"对话框中，若在第 2）步没有合适的屋顶类型可选，则在此时可以点击该对话框中的"复制"按钮，在弹出的"名称"对话框中重新命名（注意命名规则）后点击"确定"按钮，再点击"类型属性"对话框中"结构"参数右侧的"编辑"按钮。若在第 2）步已选择好合适的屋顶类型，则直接点击"类型属性"对话框中"结构"参数右侧的编辑按钮。如图 1.3.6-13 所示。

图 1.3.6-10　楼板绘制完毕按钮

图 1.3.6-11　屋顶绘制方式选择　　　　　　　　图 1.3.6-12　屋顶类型选择

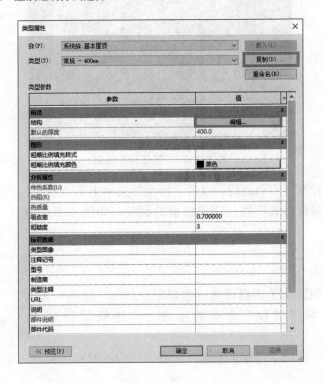

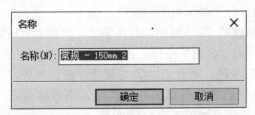

图 1.3.6-13　屋顶类型属性编辑之重命名

5）在弹出的"编辑部件"对话框中进行"插入"层，通过"向上"和"向下"调整插入层的正确位置（默认与实际屋顶从上到下的分布一致）。再设置每一层的"功能""材质""厚度"等参数。所有参数设置完毕后，依次点击"编辑部件"对话框中的"确定"按钮——"类型属性"对话框中的"确定"按钮。如图1.3.6-14所示。

6）设置"属性"面板中"底部标高"和"自标高的高度偏移"的实例属性参数值，确定板底（注意与板不同，板是板顶）的精确定位。如图1.3.6-15所示。

图 1.3.6-14　屋顶构造层次设置

图 1.3.6-15　屋顶实例属性标高设置

7）在"修改"选项卡下"绘制"区域中选择好绘制工具。如图1.3.6-16所示。

8）注意确认不勾选临时状态栏的"□定义坡度"。一般结构找坡的屋顶才需要勾选此项。如图1.3.6-17所示。

9）在当前视图中绘制屋顶轮廓线。注意屋顶轮廓线必须闭合，既不能出现不连接的缺口，也不能出现有突出不光滑的结点（同楼板绘制）。

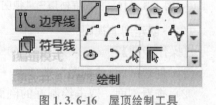

图 1.3.6-16　屋顶绘制工具

图 1.3.6-17　屋顶坡度定义

10）确认屋顶轮廓没有问题后，点击"修改"选项卡下"模式"区域中的"完成编辑模式"按钮完成屋顶的绘制。如图1.3.6-18所示。

图 1.3.6-18 屋顶
绘制完成按钮

（3）剖面框剖切三维视图

【操作步骤】

1）进入三维视图。在"属性"面板"范围"区域中勾选上"剖面框□"选项。如图 1.3.6-19 所示。

2）此时三维视图中会出现一个六面体框。每个面均有一个"控制"控件，将鼠标光标移动到任意一个控件处，按住鼠标左键再移动鼠标光标即可移动该控件所控制的剖切面，如图 1.3.6-20 所示。剖面框"控制"控件的拖拽效果如图 1.3.6-21 所示。

图 1.3.6-19 剖面框剖切三维视图

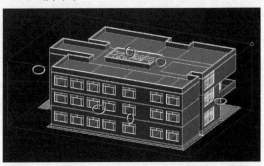

图 1.3.6-20 剖面框"控制"控件

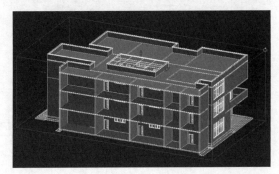

图 1.3.6-21 剖面框"控制"控件的拖拽效果

（4）创建剖面视图

【操作步骤】

1）创建剖面："视图"选项卡→"创建"面板→剖面。

2）查看剖面：双击绘制好的剖面符号即可进入剖面视图。

（5）编辑楼板轮廓

【操作步骤】

1）选中需要编辑轮廓或开洞的楼板。

2）点击"修改"选项卡下"模式"区域的"编辑边界"按钮。如图 1.3.6-22 所示。

3）在"修改"选项卡下"绘制"区域中选择好绘制工具。如图 1.3.6-23 所示。

4）修改楼板边界轮廓，或添加洞口轮廓。洞口轮廓与楼板边界轮廓要求一样：闭合光滑无突出，且不能与楼板边界轮廓相交。如图 1.3.6-24 所示。

5）确认楼板轮廓修改完且没有问题后，点击"修改"选项卡下"模式"区域中的"完成编辑模式"按钮完成楼板轮廓的编辑。如图 1.3.6-25 所示。

图 1.3.6-22　楼板边界编辑按钮

图 1.3.6-23　楼板边界修改工具

图 1.3.6-24　通过编辑轮廓进行楼板开洞

（6）竖井开洞

【操作步骤】

1）确认当前视图为平面视图或三维视图。点击"建筑"选项卡下"洞口"区域"竖井"按钮。如图 1.3.6-26 所示。

2）在"修改"选项卡下"绘制"区域中选择好绘制工具。如图 1.3.6-27 所示。

图 1.3.6-25　楼板边界
编辑完成按钮

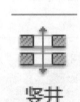

图 1.3.6-26　竖井
开洞按钮

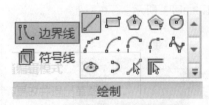

图 1.3.6-27　竖井编辑工具

3）在"属性"面板中设置好"底（顶）部约束"和"底（顶）部偏移"参数，确定竖井底部和顶部的精确定位。如图 1.3.6-28 所示。

4）在当前视图中绘制洞口轮廓线。注意洞口轮廓线必须闭合，既不能出现不连接的缺口，也不能出现有突出不光滑的结点。

5）确认竖井轮廓没有问题后，点击"修改"选项卡下"模式"区域中的"完成编辑模式"按钮完成竖井的绘制。如图 1.3.6-29 所示。

（7）屋顶天窗绘制

【操作步骤】

1）确认当前视图为平面视图或三维视图。点击"建筑"选项卡下"构建"区域"屋顶"命令的子命令"迹线屋顶"。

2）在"属性"面板上部族类型选择区域选择"玻璃斜窗"类型。如图 1.3.6-30 所示。

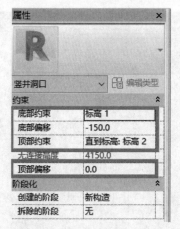

图 1.3.6-28　竖井属性编辑　　　　　　　　　图 1.3.6-29　竖井完成按钮

3）点击"属性"面板的"编辑类型"按钮。

4）在弹出的"类型属性"对话框中点击"复制"按钮，在弹出的"名称"对话框中为即将生成的新玻璃斜窗（天窗）类型进行命名。然后再点击"名称"对话框中的"确定"按钮返回"名称"对话框中。

5）在"类型属性"对话框中，"幕墙嵌板"参数选择"系统嵌板：玻璃"；然后依次设置"网格 1"与"网格 2"的"布局"与"间距"参数、"网格 1 竖梃"和"网格 2 竖梃"的类型（包含"内部类型"和"边界 1、2 类型"）。再点击"确定"按钮。如图 1.3.6-31 所示。

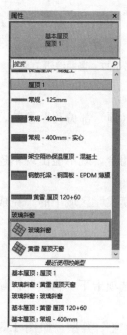

图 1.3.6-30　屋顶天窗绘制入口　　　　　　　图 1.3.6-31　玻璃天窗类型属性设置

6）在"属性"面板中设置好"底部约束"和"自标高的底部偏移"参数，确定天窗厚度方向中心的精确定位。若第 5）部中"网格 1"与"网格 2"的"布局"参数选择的是"固定数量"，则"属性"面板中"网格 1"与"网格 2"的"编号"参数可以设置，这个"编号"指的就是网格数量。如图 1.3.6-32 所示。

7）在"修改"选项卡下"绘制"区域中选择好绘制工具。如图 1.3.6-33 所示。

8）注意确认不勾选临时状态栏的"□定义坡度"。一般结构找坡的天窗才需要勾选此项。如图 1.3.6-34 所示。

9）在当前视图中绘制屋天窗廓线。注意屋顶轮廓线必须闭合，既不能出现不连接的缺口，也不能出现有突出不光滑的结点。

10）确认天窗轮廓没有问题后，点击"修改"选项卡下"模式"区域中的"完成编辑模式"按钮完成天窗的绘制。如图 1.3.6-35 所示。

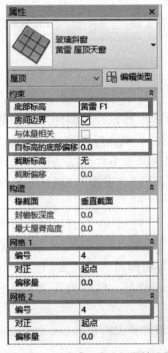

图 1.3.6-32　玻璃天窗实例属性设置

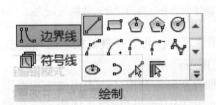

图 1.3.6-33　绘制玻璃天窗工具

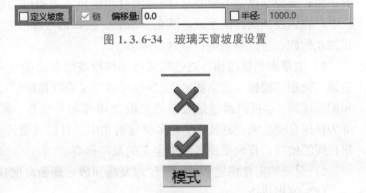

图 1.3.6-34　玻璃天窗坡度设置

图 1.3.6-35　玻璃天窗绘制完成按钮

5. 练习

【实操练习】　按照本任务教学内容进行练习。

任务 1.3.7 楼梯绘制

本任务教学视频主要讲述如何建立楼梯构件。以及楼梯绘制后，如何正确给楼板开洞，以保证楼梯设置的合理性。

1. "1＋X" BIM 技能等级初级知识点与技能点

（1）熟悉建模流程；

（2）掌握楼梯的创建方法。

2. 教学视频

1.3.7-1　楼梯绘制之一　1.3.7-2　楼梯绘制之二　1.3.7-3　楼梯绘制之三　1.3.7-4　楼梯绘制之四

3. 使用逻辑、技巧与参数化技术应用点总结

（1）使用逻辑

1）楼梯有两种创建模式：按构件、按草图。

2）一个基于构件的楼梯包含梯段，直梯段、螺旋梯段、U 形梯段、L 形梯段、自定义绘制的梯段；平台，在梯段之间自动创建，通过拾取两个梯段，或通过创建自定义绘制的平台；支撑（侧边和中心），随梯段自动创建，或通过拾取梯段或平台边缘创建；栏杆扶手，在创建期间自动生成，或稍后放置。楼梯的"梯段""平台""支撑""栏杆"是互相独立的族，可以单独进行绘制或编辑。

3）按草图创建楼梯可通过定义楼梯梯段或绘制踢面线和边界线，在平面视图中创建楼梯。使用"楼梯（按草图）"工具，可以定义直线梯段、带平台的 L 形梯段、U 形楼梯和螺旋楼梯。也可以通过修改草图来改变楼梯的外边界。踢面和梯段会相应更新。Revit可为楼梯自动生成栏杆扶手。在多层建筑物中，可以只设计一组楼梯，然后为其他楼层创建相同的楼梯，直到楼梯属性中定义的最高标高。

4）只要确定楼梯底、顶的定位以及踢面数，踢面高度自动计算无需输入。

（2）使用技巧

1）创建楼梯时，如果发现楼梯不能达到指定标高，可以通过调整"计算规则"中的最大、最小值及属性中的踢面数量和高度值来调整踏步段尺寸，以达到指定标高。

2）楼梯间楼板洞口往往不规则，通过编辑楼板轮廓即"编辑边界"的方式比较方便快捷。

3）注意删除不必要的栏杆并在必要的平台临空位置添加必要的栏杆，使得楼梯设置合理化。

（3）参数化技术应用点

1）楼梯的"实际踢面高度"与"底（顶）部约束""底（顶）部偏移""所需踢面数"实例属性参数自动关联。

2）梯段宽度和平台尺寸既可通过"造型操纵柄"调整，也可通过临时尺寸标注精确调整。

4. 视频中第一次出现的 Revit 命令和功能简介

绘制楼梯：

【操作步骤】

1）确认当前视图为平面视图或三维视图。点击"建筑"选项卡下"楼梯坡道"区域中"楼梯"命令的子命令"楼梯（按构件)"。如图 1.3.7-1 所示。

2）在"属性"面板上部族类型选择区域选择"现场浇筑楼梯整体浇筑楼梯"类型。如图 1.3.7-2 所示。

3）点击"属性"面板的"编辑类型"按钮。

图 1.3.7-1　楼梯绘制方式

4）在弹出的"类型属性"对话框中，通过"复制"重命名的方法创建一个新的楼梯族类型。如图 1.3.7-3 所示。

图 1.3.7-2　楼梯类型选择

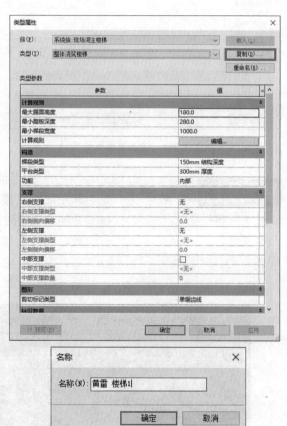

图 1.3.7-3　楼梯类型属性重命名

5）在"类型属性"对话框中，设置好"最大踢面高度""最小踏板深度"等类型属性参数后，点击"确定"按钮。如图 1.3.7-4 所示。

6）在"属性"面板中设置好"底（顶）部约束""底（顶）部偏移""所需踢面数""实际踏板深度"等实例属性参数。如图 1.3.7-5 所示。

7）在"修改"选项卡下"构件"区域中选择"梯段"选项卡中的"直段"绘制工具。如图 1.3.7-6 所示。

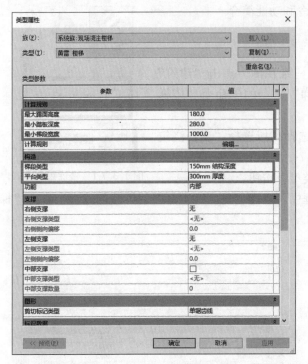

图 1.3.7-4　楼梯类型属性编辑

图 1.3.7-5　楼梯实例属性编辑

图 1.3.7-6　楼梯绘制工具

8）在当前视图楼梯第一跑的起点位置处单击鼠标左键确定楼梯第一跑的起点，然后移动鼠标光标，并注意观察附近实时显示的已创建踢面数和剩余踢面数，当已创建踢面数与实际楼梯第一跑踢面数一致后，停止移动鼠标光标并再次单击鼠标左键完成楼梯第一跑的绘制。如图 1.3.7-7 所示。

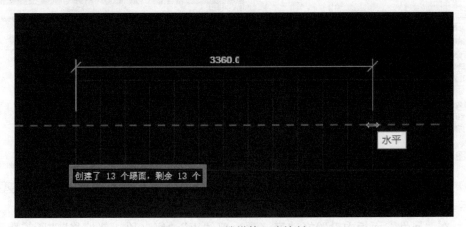

图 1.3.7-7　楼梯第一跑绘制

9）按照步骤8）完成楼梯第二跑的绘制，连接上下两跑梯段的中间休息平台自动绘制出来。如图 1.3.7-8 所示。

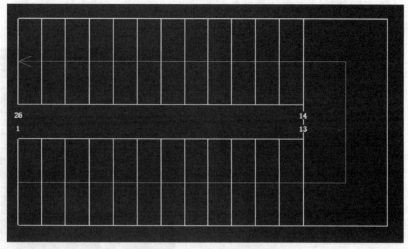

图 1.3.7-8　楼梯第二跑绘制

10）选中其中一跑梯段，将鼠标光标移动到该梯段两侧名为"造型操纵柄"的三角符号处，按住鼠标左键移动鼠标光标调整该梯段的宽度。类似方法调整另一跑梯段的宽度和中间休息平台的深度。如图 1.3.7-9、图 1.3.7-10 所示。

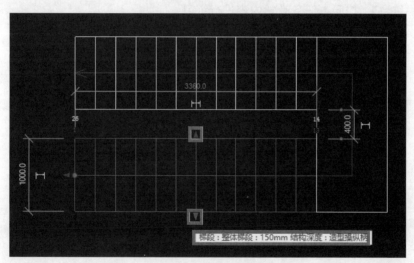

图 1.3.7-9　梯段宽度调节

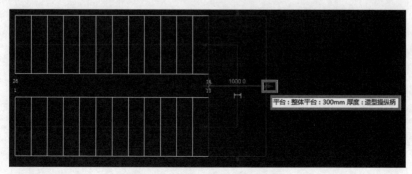

图 1.3.7-10　平台进深调节

11）确认没有问题后，点击"修改"选项卡下"模式"区域中的"完成编辑模式"按钮完成楼梯的绘制。如图1.3.7-11、图1.3.7-12所示。

图1.3.7-11 楼梯绘制完毕按钮

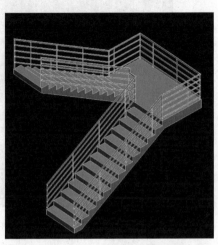

图1.3.7-12 楼梯绘制效果图

5. 练习

【实操练习】 按照本任务教学内容进行练习。

任务 1.3.8 其他建筑构件

本任务教学视频主要讲述如何绘制栏杆，并通过载入族的方式绘制室外台阶，以及通过载入轮廓族后用墙饰条的方式绘制散水，满足建筑构配件的绘制，达到理想效果。

1. "1+X" BIM 技能等级初级知识点与技能点

（1）熟悉建模流程；

（2）掌握栏杆、室外台阶、散水的创建方法。

2. 教学视频

1.3.8-1　栏杆绘制　　　　1.3.8-2　室外台阶绘制　　　　1.3.8-3　散水绘制

3. 使用逻辑、技巧与参数化技术应用点总结

（1）使用逻辑

1）Revit 中栏杆自身结构、外观样式由专门的栏杆族来编辑表达，然后在项目中通过绘制栏杆路径草图的方式放置已经编辑好的栏杆。

2）选择"绘制路径"方式绘制栏杆扶手的过程中，若拾取了楼梯或坡道作为主体，则倾斜的梯段或坡道的路径草图为水平投影线段，软件会自动判断形成与梯段或坡道倾斜度相匹配的扶手栏杆。

3）通过使用"楼板：楼板边"命令绘制板边缘构件的方式绘制如室外台阶这类与板直接连接的构件；通过使用"墙：饰条"命令绘制如散水这类附着于墙上的构件。这两个命令均需要设置"轮廓"这项类型属性参数，因此需要事先载入相应的轮廓族。

4）"墙：饰条"命令在三维视图中才能使用；"楼板：楼板边"命令在平面视图和三维视图中均可使用。

5）使用"楼板：楼板边"和"墙：饰条"这类需要设置轮廓族的命令，需要注意轮廓族插入点的参照。例如绘制室外台阶时，轮廓族插入点参照是板顶部边缘，则在选择板边缘轮廓线时应点选板顶部边缘轮廓线。

6）大部分图元构件绘制命令在选择好绘制工具后往往会在临时状态栏上出现"偏移量"参数设置项。若遇到绘制轮廓或路径时不好精确定位的情况，可以利用此项参数，设置好相对已有参照线或参照面的偏移值，然后直接利用已有参照线或参照面绘制轮廓或路径，此时轮廓或路径会自动相对已有参照线或参照面按照设置好的偏移值进行偏移，从而实现精确定位。

（2）使用技巧

1）绘制已有族类型的图元构件实例时，可选中该族类型的任意一个图元构件实例，然后单击鼠标右键，在弹出的菜单中选择"创建类似实例"命令。如图 1.3.8-1 所示。

2）绘制栏杆扶手时，通过设置好"偏移量"这项参数，可以直接利用如平台、楼梯、坡道等实体的边缘精确定位扶手栏杆的路径草图线。

（3）参数化技术应用点总结

1）通过"轮廓"这项类型属性参数，将轮廓的编辑独立出来，将原本很复杂的命令化整为零，简化了命令的使用方法。

2）墙饰条这类图元构件同样可以先大致定位，然后通过调整临时尺寸标注参数值的方式调整精确定位。

3）通过编辑"扶栏结构（非连续）"和"栏杆偏移"这两项栏杆扶手的类型属性参数，可以定制所需的扶手栏杆结构、外观样式。

4. 视频中第一次出现的 Revit 命令和功能简介

（1）栏杆扶手

1）确认当前视图为平面视图或三维视图。点击"建筑"选项卡下"楼梯坡道"区域中"栏杆扶手"命令的子命令"绘制路径"。如图 1.3.8-2 所示。

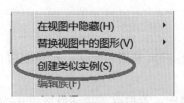

图 1.3.8-1　选择"创建类似实例"命令　　　　图 1.3.8-2　栏杆扶手绘制方式

2）在"属性"面板上部族类型选择区域选择所需栏杆类型。如图 1.3.8-3 所示。

3）若是绘制普通楼板、地面或平台的栏杆扶手，则在"属性"面板上设置好"底部标高"和"底部偏移"实例属性参数，如图 1.3.8-4 所示；若需要绘制楼梯、坡道的栏杆扶手，则点击"修改"选项卡下"工具"区域中"拾取新主体"按钮，如图 1.3.8-5 所示，然后在当前视图中拾取正确的楼梯或坡道，如图 1.3.8-6 所示。

图 1.3.8-3　栏杆扶手类型选择　　　　　　　图 1.3.8-4　栏杆扶手实例属性设置

图 1.3.8-5　拾取新主体

图 1.3.8-6　拾取要绘制栏杆扶手的楼梯

4）在临时状态栏中勾选上"□链"选项，根据需要设置好"偏移量"参数数值。如图 1.3.8-7 所示。

图 1.3.8-7　栏杆扶手选项栏设置

5）在"修改"选项卡下"绘制"区域中选择适当的绘制工具。如图 1.3.8-8 所示。

6）在当前视图中绘制楼梯的路径草图。注意路径线段必须连续。若在步骤 3）拾取了楼梯或坡道作为主体，则倾斜的梯段或坡道的路径草图为水平投影线段，软件会自动判断形成与梯段或坡道倾斜度相匹配的扶手栏杆。

7）确认没有问题后，点击"修改"选项卡下"模式"区域中的"完成编辑模式"按钮完成栏杆扶手的绘制。如图 1.3.8-9 所示。

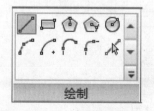

图 1.3.8-8　栏杆扶手绘制工具

图 1.3.8-9　绘制完毕按钮

（2）楼板边缘构件绘制（如室外台阶）

1）载入所需的轮廓族。

2）确认当前视图为平面视图或三维视图。点击"建筑"选项卡下"构建"区域中"楼板"命令的子命令"楼板：楼板边"。如图 1.3.8-10 所示。

3）在"属性"面板上部族类型选择区域选择"楼板边缘"族类型。如图 1.3.8-11 所示。

4）点击"属性"面板上的"编辑类型"按钮。

5）在弹出的"类型属性"对话框中，通过"复制"重命名的方法创建一个新的楼板边缘族类型。如图 1.3.8-12 所示。

图 1.3.8-10　楼板边缘构件绘制

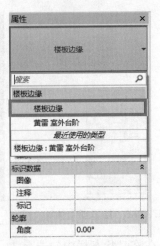

图 1.3.8-11　楼板边缘族类型

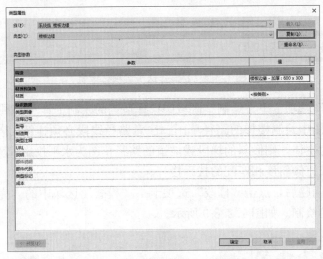

图 1.3.8-12　新建楼板边缘类型

6）在"类型属性"对话框中"构造"区域的"轮廓"这项类型属性参数值选择步骤1）载入的所需轮廓。再设置好"材质"这项类型属性参数。如图 1.3.8-13 所示。

7）在当前视图中，移动鼠标光标到需要添加边缘构件的板边缘处，此时板边缘会蓝色高亮显示，然后单击鼠标左键即可完成板边缘构件的绘制。只要不退出"楼板：楼板边"命令，就可以连续绘制板边缘构件。如图 1.3.8-14、图 1.3.8-15 所示。

（3）墙饰条绘制（如散水）

1）载入所需的轮廓族。

2）确认当前视图为平面视图或三维视图（三维视图更方便）。点击"建筑"选项卡下"构建"区域中"墙"命令的子命令"墙：饰条"。如图 1.3.8-16 所示。

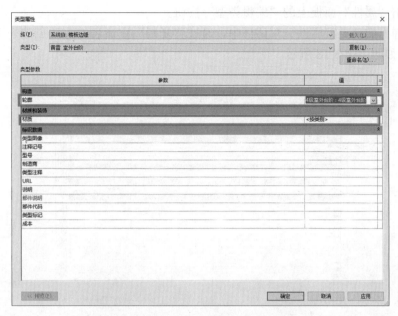

图 1.3.8-13 楼板边缘类型属性编辑

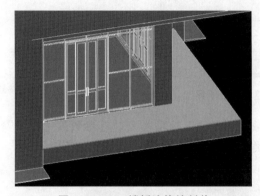

图 1.3.8-14 楼板边缘绘制前

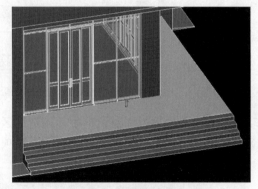

图 1.3.8-15 楼板边缘绘制后

3）在"属性"面板上部族类型选择区域选择"檐口"族类型。如图 1.3.8-17 所示。

图 1.3.8-16 墙饰条绘制

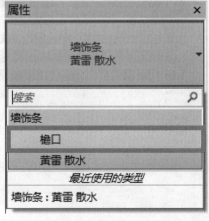

图 1.3.8-17 墙饰条类型选择

4）点击"属性"面板上的"编辑类型"按钮。

5）在弹出的"类型属性"对话框中，通过"复制"重命名的方法创建一个新的墙饰条族类型。如图 1.3.8-18 所示。

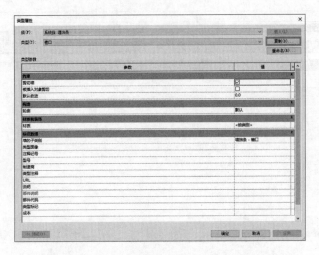

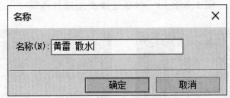

图 1.3.8-18　新建墙饰条族类型

6）在"类型属性"对话框中"构造"区域的"轮廓"这项类型属性参数值选择步骤 1）载入的所需轮廓。再设置好"材质"这项类型属性参数。如图 1.3.8-19 所示。

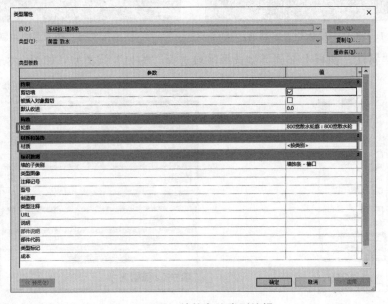

图 1.3.8-19　墙饰条族类型编辑

7）在当前视图中，移动鼠标光标到需要添加墙饰条的墙体一侧大致高度处，然后单击鼠标左键即可完成该处墙饰条的绘制。只要不退出"墙：饰条"命令，可以连续绘制多堵墙的墙饰条。墙饰条绘制完后，再选中墙饰条，通过调整临时尺寸标注参数值的方式调整墙饰条的精确定位。

5. 练习

【实操练习】　按照本任务教学内容进行练习。

任务 1.3.9 尺寸标注

本任务教学视频主要讲述如何绘制尺寸标注、线性尺寸标注、标高标注、坡度标注、排水坡度标注、门窗标记、房间标记等，并讲述了简单的门窗标记族的编制。

1. "1+X" BIM 技能等级初级知识点与技能点

（1）熟悉建模流程；

（2）掌握尺寸标注的创建方法；

（3）掌握标记的创建方法；

（4）掌握门窗标记族的创建方法。

2. 教学视频

1.3.9-1 对齐尺寸标注　1.3.9-2 线性尺寸标注　1.3.9-3 标高标注　1.3.9-4 坡度标注

1.3.9-5 排水坡度　　1.3.9-6 门窗标记及　　1.3.9-7 门窗标记及　　1.3.9-8 房间标记
　　　　　　　　　　门窗标记族之一　　　门窗标记族之二

3. 使用逻辑、技巧与参数化技术应用点总结

（1）使用逻辑

1）为了能够按照国家规范出图，在 Revit 中进行尺寸标注要符合出图规范。所以，在尺寸标注中，修改相关参数时，要以制图规范为标准。

2）尺寸标注中，对齐尺寸标注和线性尺寸标注的效果如图 1.3.9-1、图 1.3.9-2 所示：

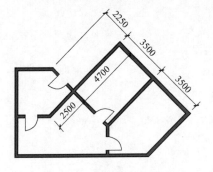

图 1.3.9-1 对齐尺寸标注效果

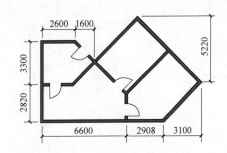

图 1.3.9-2 线性尺寸标注效果

3）房间标记：作为备选方法，在模型设计前先创建预定义的房间、创建房间明细表并将房间添加到明细表。可以稍后在模型准备就绪时将房间标记放置到模型。

（2）使用技巧

1）按 Tab 键可以在不同的参照点之间循环切换。几何图形的交点上将显示蓝色点参照。将在内部墙层的所有交点上显示灰色方形参照。

2）如果要放置高程点，请执行下列操作：①如果不带引线，单击即可放置。②如果带引线，请将光标移到图元外的位置，然后单击即可放置高程点。③如果带引线和水平段，请将光标移到图元外的位置。单击一次放置引线水平段。再次移动光标并单击以放置该高程点。④高程点的标注命令在"线框"识图模式下是无效的。

3）放置高程点坡度时，单击翻转控制柄以翻转高程点坡度尺寸标注的方向。

4）使用"空格键"可以控制排水符号等标记的方向旋转。结合"对称"命令，可以加快绘图速度。

（3）参数化技术应用点总结

1）坡度标注参数值与所标注的实体面实际坡度值自动关联，坡度改变，坡度标注参数值随之自动修改。

2）"房间"这类特殊图元所包含的"面积""周长""体积"等参数与构成房间的实体图元构件尺寸参数自动关联，且面积计算规则作为参数选项可根据规范标准的要求进行选择。

4. 视频中第一次出现的 Revit 命令和功能简介

（1）尺寸标注

【操作步骤】

1）切换至楼层平面图或其他相关视图。

2）"注释"选项卡→"尺寸标注"面板，选择尺寸标注的类型：对齐或线性。如图 1.3.9-3、图 1.3.9-4 所示。

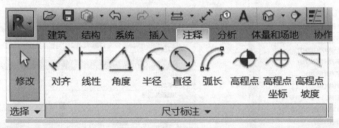

图 1.3.9-3　尺寸标注类型选择

其中"对齐"尺寸标注，可以通过对标注对齐参照选择，快速进行尺寸标注。例如选择参照墙面，拾取"整个墙"，并单击后面的"选项"，弹出"自动尺寸标注"对话框，勾选"洞口"或"相交墙"或"相交轴网"等一个或多个，单击需要标注的墙体，即可快速标注需要的尺寸。

（2）标高标注

【操作步骤】

1）切换到立面视图，按上述尺寸标注的步骤进入尺寸标注面板，选择高程点。

2）选择标高族类型。如图 1.3.9-5 所示。

3）编辑标高的族类型。如图 1.3.9-6 所示。

4）单击楼层面层线确定放置位置后，再双击即可放置标高。如图 1.3.9-7 所示。

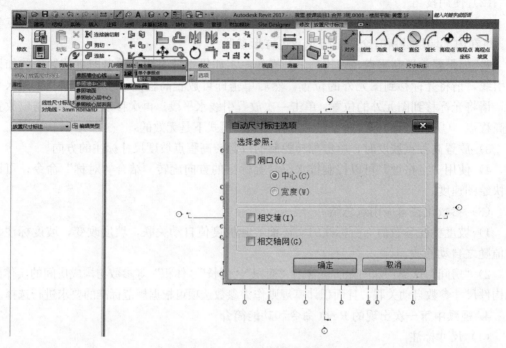

图 1.3.9-4　尺寸标注选项卡设置

图 1.3.9-5　标高族类型选择

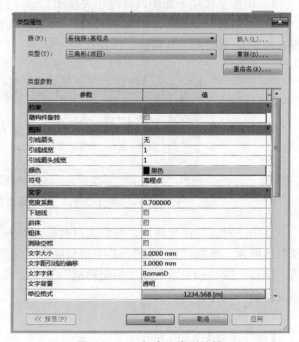

图 1.3.9-6　标高族类型编辑

（3）坡度标注

坡度可以在任意视图上标注，但如果是平面视图，标注时一定要在坡顶以上视图位置才能对可见的坡道进行坡度标注。

【操作步骤】

1）切换至坡顶以上位置平面视图。

2）按上述尺寸标注的步骤进入尺寸标注面板，选择高程点坡度。

3）设置高程点坡度的类型属性，选择合适的单位格式和单位。单击需要标注坡度的图形即可进行坡度标注。其他视图的坡度标注亦然。如图 1.3.9-8 所示。

（4）符号（排水坡度）

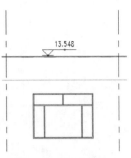

图 1.3.9-7 放置标高

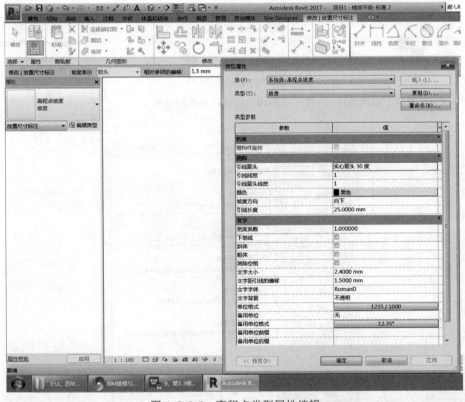

图 1.3.9-8 高程点类型属性编辑

【操作步骤】

1）切换到屋面平面图。

2）"注释"选项卡→"符号"面板→单击。

3）选择族类型为"符号_排水箭头"其中一个。

4）在屋面需要标注排水坡度的地方单击，然后根据实际排水坡度，双击数字，即可编辑。完成排水坡度的标记。如图 1.3.9-9、图 1.3.9-10、图 1.3.9-11 所示。

（5）创建门（窗）标记族

【操作步骤】

1）按顺序点击软件界面左上角应用程序菜单应用程序菜单"R"→"新建"→"族"。如图 1.3.9-12 所示。

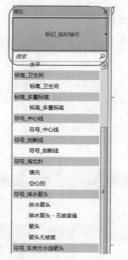

图 1.3.9-9　符号按钮坡度编辑　　图 1.3.9-10　标记符号类型选择　　图 1.3.9-11　排水

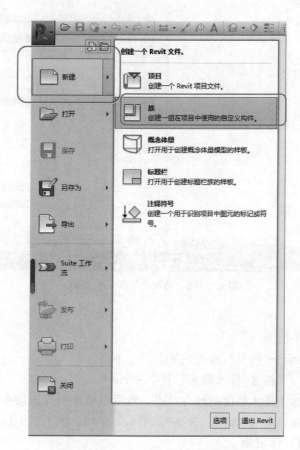

图 1.3.9-12　门（窗）标记族的创建

2）在弹出的"新族-选择样板文件"对话框中，在正确的路径下选择"公制门（窗）标记.rft"族样板文件，然后点击"打开"按钮。如图 1.3.9-13 所示。

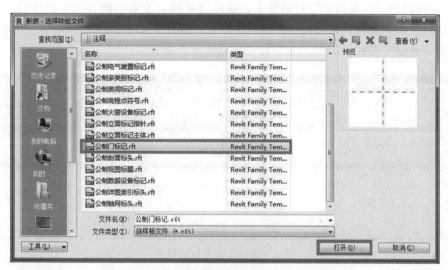

图 1.3.9-13　门（窗）标记族绘制样板文件选择

3）点击"创建"选项卡下"文字"区域中的"标签"按钮。如图 1.3.9-14 所示。

4）把鼠标光标移动到当前视图原有两个参照平面的交点附近，单击鼠标左键。

5）在弹出的"编辑标签"对话框左侧的"类别参数"列表中找到合适的参数，如本任务中门选择"族名称"，窗选择"类型名称"，原则就是相应门或窗族中对应该参数的参数值满足用户对门窗标记的需要。然后双击该参数或单击"将参数添加到标签"按钮。此时，选择的相应参数就会出现在对话框右侧的"标签参数"列表中。再修改"样例值"，最后点击"确定"按钮。如图 1.3.9-15 所示。

6）选中当前视图中已经生成的标签，点击"属性"面板的"编辑类型"按钮。

图 1.3.9-14　"标签"按钮

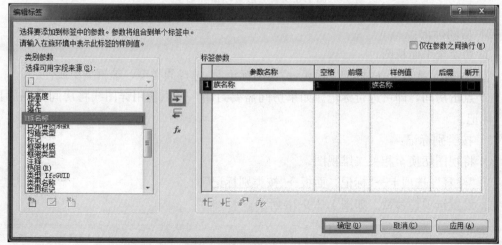

图 1.3.9-15　标签名称编辑

7）在弹出的"类型属性"对话框中，通过"复制"重命名的方法生成新的标签字体类型，然后按照相应建筑制图规范标准的要求，设置好"文字字体""文字大小"等参数，最后点击"确定"按钮。如图 1.3.9-16 所示。

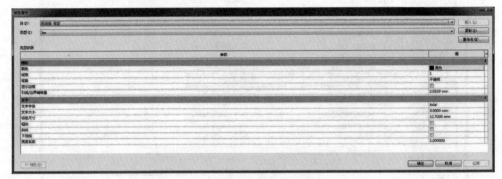

图 1.3.9-16　标签样式设置

8）保存文件（与项目文件的保存方法相同）。

（6）标记

【操作步骤】

1）门窗标记：可以在绘制门窗的时候就进行标记。也可以在绘制完毕后统一标记（图 1.3.9-17）。

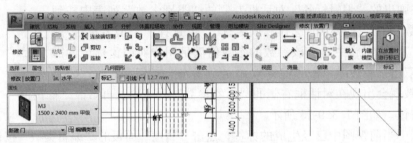

图 1.3.9-17　放置门窗标记

2）房间标记：

① 切换至平面视图。

②"注释"选项卡→"标记"面板→"房间标记"，选择族类型，编辑类型属性。

③ 点击房间，即可进行标记。如果房间需要封闭，可以使用详图线将房间分隔后再进行标记。

3）按类别标记：

① 将视图切换至相关二维视图。

②"注释"选项卡→"标记"面板→"按类别标记"。

③ 设置选项栏参数。如图 1.3.9-18 所示。

图 1.3.9-18　标记选项卡设置

④ 放置标记：将光标移至绘图区域中，放在需要标注的图元上，软件会高亮显示要标记的图元，此时单击放置标记。在放置标记之后，它将处于编辑模式，而且可重新定位。可移动引线、文字和标记的箭头。

4）全标记：

如果视图中的一些图元或全部图元都没有标记，则通过一次操作即可将标记应用到所有未标记的图元。该功能非常实用。

① 打开要进行标记的视图。

② "注释"选项卡→"标记"面板→"全部标记"。软件将弹出"标记所有未标记的对象"对话框。如图 1.3.9-19 所示。

图 1.3.9-19 全标记选项

③ 指定标记对象：首先指定要标记的图元。若要标记当前视图中未标记的所有可见图元，则选中"当前视图中的所有对象"单选按钮；若要只标记在视图中选定的那些图元，则选中"仅当前视图中的所选对象"按钮；若要标记链接文件中的图元，则勾选"包含链接文件中的图元"按钮。在类别选择框中，可选择一个或多个标记类别，要选择多个类别，在按住 Shift 或 Ctrl 键的同时，选择所需类别。

④ 放置标记：设置完成后单击应用按钮，此时视图中的图元已进行了标记，无需修改时单击"确定"按钮完成最终标记。如果标记类别或其对象类型的可见性处于关闭状态，则会出现一条信息。单击"确定"按钮可允许软件在标记该类别之前开启其可见性。

5. 练习

【实操练习】 按照本任务教学内容进行练习。

任务 1.3.10　新建结构模型的项目文件并链接复制建筑模型的标高和轴网

本任务中的教学视频主要讲述如何通过"链接 Revit"工具在新创建的结构模型项目文件中链接已创建好的建筑模型项目文件，并通过"复制/监视"命令将建筑模型中的标高、轴网复制到结构模型中。

1. "1＋X" BIM 技能等级初级知识点与技能点

（1）熟悉建模流程；

（2）掌握通过"链接"进行协同工作的方法。

2. 教学视频

3. 使用逻辑、技巧与参数化技术应用点总结

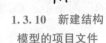

1.3.10　新建结构
模型的项目文件

（1）使用逻辑

1）在实际工程项目的建模过程中，常常将建筑物按专业（如建筑、结构、给水排水、暖通和电气等）或部位（如不同的塔楼、裙楼和地下室等）分解成相对独立的部分，并分别交由不同的项目团队成员进行建模；为了将不同项目成员创建的模型成果最终合并、关联起来，Revit 提供了"链接"和"工作集"两种协作工具。

其中，基于"链接"工具的协作是较为简单和方便的形式。大致做法是：首先创建一个新的项目文件用于存储结构构件，随后将建筑模型链接到新的结构项目文件中，并复制和监视建筑标高和轴网到结构项目文件中作为结构构件图元的定位，之后即可在结构项目文件中专门进行结构建模。

2）在项目文件中链接其他文件时，Revit 会持续保持这些文件的加载状态；当链接的文件数量较多、数据量较大时，将显著增加计算资源耗用量，并降低软件性能。因此，建议根据建模的实际需要，有选择进行项目文件的链接。

3）"复制/监视"工具可以在不同的项目文件中复制或监视重要的图元以简化协作建模的过程。此工具可监视下列图元发生的修改：

①标高；②轴网（但不含多段轴网）；③柱（但不含斜柱）；④墙；⑤楼板；⑥洞口；⑦MEP 设备。

其中，监视墙时，可以指定是否监视洞口（包括门和窗的洞口）；监视楼板时，可以指定是否监视楼板插入对象和洞口（例如竖井）。

（2）使用技巧

1）链接模型后，可选择是否要按半色调显示链接的模型，从而直观地将链接模型图元与当前项目图元区分开来。

3）在使用"复制/监视"工具复制链接项目文件的标高时，可通过"选项"工具修改复制后的标高前缀、后缀和偏移量，从而创建与链接的项目文件标高存在统一高差并统一修改名称的标高系统；该功能对创建存在高差的建筑标高和结构标高系统十分有用。

（3）参数化技术应用点

基于"链接"将不同项目文件的图元构件关联起来，实现简单的协作。

4. 视频中第一次出现的 Revit 命令和功能简介

（1）链接 Revit

【操作步骤】

1）打开"导入/链接 RVT"对话框

方法一："插入"选项卡→"链接"面板→"链接 Revit"→"导入/链接 RVT"对话框，如图 1.3.10-1 所示。

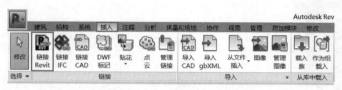

图 1.3.10-1　链接 Revit

方法二："管理"选项卡→"管理项目"面板→"管理链接"→"管理链接"对话框→"添加"→"导入/链接 RVT"对话框，如图 1.3.10-2 所示。

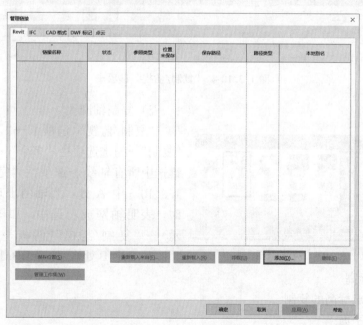

图 1.3.10-2　管理链接

2）打开建筑模型项目文件

"导入/链接 RVT"对话框→查找已完成的建筑模型项目文件→"打开"，如图 1.3.10-3 所示。

（2）复制/监视

【操作步骤】

1）打开"复制/监视"选项卡

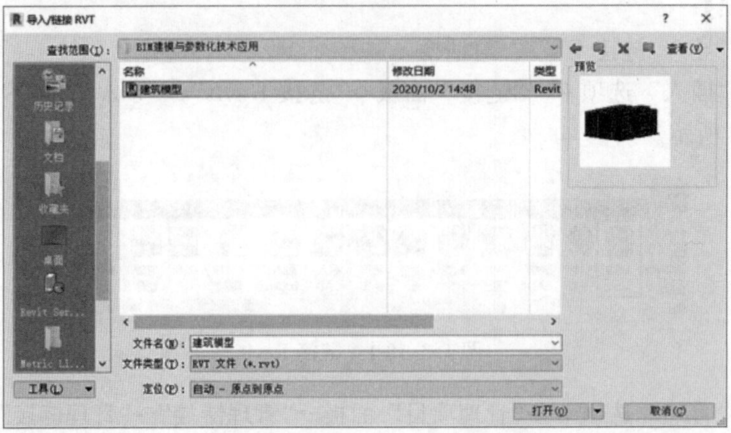

图1.3.10-3　打开链接

"协作"选项卡→"坐标"面板→"复制/监视"→下拉列表"选择链接"→"复制/监视"选项卡，如图1.3.10-4所示。

图1.3.10-4　"复制/监视"选项卡

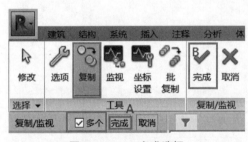

图1.3.10-5　完成选择

2）复制轴网

"复制/监视"选项卡→"工具"面板→"复制"→勾选选项栏"多个"→按住<Ctrl>键选中所有轴线→选项栏"完成"（注意图1.3.10-5中A处：当轴网出现监视图标⊠时，表明轴网成功选中，如图1.3.10-6所示）→"复制/监视"面板→"完成"（图1.3.10-5中B处），如图1.3.10-5所示。

3）复制标高

同理可完成标高的复制。

（3）结构平面

【操作步骤】

1）打开"新建结构平面"对话框

"视图"选项卡→"创建"面板→"平面视图"→下拉列表"结构平面"→"新建结构平面"对话框，如图1.3.10-7所示。

2）创建结构平面

"新建结构平面"对话框→按住<Shift>键，一次性将所有标高选中→"确定"，如图1.3.10-8所示。

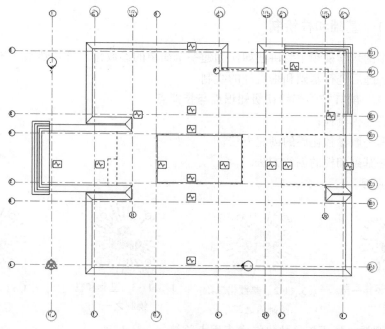

图 1.3.10-6 轴网选中

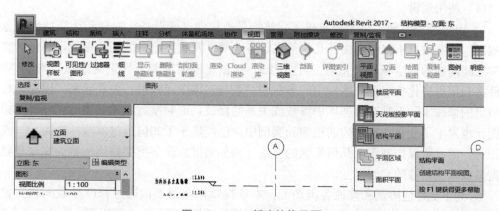

图 1.3.10-7 新建结构平面

图 1.3.10-8 完成创建

5. 练习

【实操练习】 按照本任务教学内容进行练习，新建一个结构模型文件，并通过链接复制建筑模型的标高轴网。

任务 1.3.11 基础和柱绘制

本任务中的教学视频主要讲述如何创建一个简单的参数化二阶基础族，并将其载入到项目文件中；随后进行基础和垂直柱的绘制。

1. "1+X" BIM 技能等级初级知识点与技能点

（1）熟悉建模流程；

（2）掌握一般参数化族的创建方法；

（3）掌握基础和柱的创建方法。

2. 教学视频

1.3.11-1 参数化二阶
基础族之一
　　　　　1.3.11-2 参数化二阶
　　　　　基础族之二
　　　　　　　　　　1.3.11-3 基础和柱
　　　　　　　　　　绘制之一
　　　　　　　　　　　　　　　1.3.11-4 基础和柱
　　　　　　　　　　　　　　　绘制之二

3. 使用逻辑、技巧与参数化技术应用点总结

（1）使用逻辑

1）BIM 模型本质上是一个集成了建筑物各类构件（或设备）物理和功能特性信息的数据库，这些信息不仅包括构件几何信息、专业属性及状态信息的相关参数，还包括这些参数之间内在的数学和逻辑关系。当使用 Revit 创建或编辑关于建筑的虚拟三维模型时，软件将利用可视化技术把数据库中的参数和关系与三维图元映射、关联起来。因此，对图元做出的修改实际上是对数据库中参数或关系的修改，而对参数或关系进行调整时，相关的图元也发生了变化。在之前的视频和案例中，已经展示了如何通过修改一个图元（或一类图元）的参数以控制图元几何形状的方法。例如通过修改某类型柱族的截面宽度和截面高度参数来控制柱的截面尺寸。

2）为了更好地协调和修改各类图元，本章视频将介绍如何通过修改参数间相互关系（特别是参数间的约束）的方式，进一步控制相关联的各类图元——即所谓参数化建模方法。

参数化建模中所涉及的这些参数关系可以由软件自动创建，也可以由设计者另行创建；但无论何时，在模型中任何位置对所创建参数关系的修改，Revit 都能在整个项目中及时地同步和调整，并将修改反映到所有关联的图元上。以下是这些图元关系修改的示例：

① 设置门与相邻窗之间的距离为固定尺寸，则移动窗时门的位置也随之改变；

② 将楼板的边缘与外墙边缘约束起来，则移动外墙时楼板的形状也随之变化，并保持楼板边缘与墙边缘的位置不变。

3）柱是主要的竖向承重构件。在实际工程应用中，建筑师通常较为关注柱网布置和柱的装饰性设计，而结构工程师则更为关心基于柱的结构体系、柱的主要材料、柱的边缘约束和所承受的荷载等结构信息。

为了满足不同专业对柱的建模和分析需求，Revit 提供了"结构柱"及"建筑柱"两种族类型。虽然"结构柱"和"建筑柱"有不少共享的属性，但仍有以下明显的区别：

①"结构柱"与"结构柱""建筑柱"与"建筑柱"之间可以互相连接，但"结构柱"

和"建筑柱"之间无法互相连接；

②"结构柱"包含了可用于结构计算的分析模型数据（除结构柱外，结构框架图元、结构楼板、结构墙以及结构基础也包含有结构分析模型，这些分析模型可以导出到有限元分析软件中供结构工程师进行相关计算和设计），而"建筑柱"不包含此类分析模型数据。图 1.3.11-1 展示了本书所用案例的物理模型和其部分分析模型。

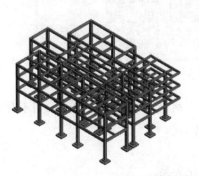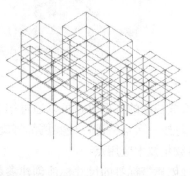

图 1.3.11-1 物理模型和分析模型

③"建筑柱"则可以围绕"结构柱"创建外围模型，并用于装饰设计中。图 1.3.11-2 展示了围绕工字形截面钢柱（采用"结构柱"创建）的陶立克式光锥柱（采用"建筑柱"创建）。

在本章节的视频中，所用柱均为无装饰的混凝土矩形截面柱，因此直接采用了"结构柱"进行建模。

（2）使用技巧

1）Revit 提供了多种族样板文件以帮助快速创建族。本章节视频中就采用了"公制结构基础"的族样板文件创建二阶基础族；因此当基础族是基于样板文件的参考平面创建时，载入项目中的族实例将具有自动附着到柱底的功能。

2）在创建尺寸标注参数时，可以通过单击尺寸标注旁的锁定图标将该尺寸标注参数锁定；此时该尺寸标注参数无法通过移动参照平面或参照线的方式进行调整，而必须通过直接在"族类型"对话框中修改参数值的方式修改。

图 1.3.11-2 围绕结构柱的建筑柱

3）使用约束将不同的参数关联起来后，调整参数可能使约束产生难以预料的变化。为了使图元之间的约束运作可靠，应当使用参照平面或参照线等辅助建模。以下是创建参数化族的推荐做法：

①规划并绘制可能需要的各类参照平面和参照线；

②通过添加带有标签的尺寸标注等形式，创建参照平面和参照线之间的参数关系；

③测试和验证当调整尺寸标注时参照平面和参照线是否能随之正确的移动和调整；

④创建或放置族的几何图形，并将几何图元与参照平面和参照线约束起来；

4）分析模型一般用于基于 BIM 的正向设计中，单纯进行翻模时，可不考虑分析模型的详细设置。

5）除支持垂直柱外，Revit 还支持通过单击两次在平面视图上的方式创建斜柱。创建斜柱需要点击"结构"选项卡中的"柱"工具后，在自动切换的"修改｜放置结构柱"选项卡中使用"放置"面板中的"斜柱"工具，如图1.3.11-3所示。

图1.3.11-3 斜柱

6）在放置柱族的实例时，可以通过按下空格键更改放置的方向；当不存在倾斜的特殊轴网时，每按一次空格键，柱实例都将旋转90°。

（3）参数化技术应用点

1）通过创建带标签的尺寸标注创建参数化关系。

2）通过创建"材质"族参数并将其与图元的"材质"参数绑定，可以控制二阶基础族的材质。

3）通过复制创建名为"600×600"的混凝土矩形柱族类型。

4）通过修改族类型中柱截面宽度和柱截面高度参数控制柱的几何尺寸。

5）通过修改结构柱其他实例属性，更改标高偏移、几何图形对正、阶段化数据和其他属性。

4. 视频中第一次出现的 Revit 命令和功能简介

（1）创建一般参数化族（如二阶独立基础族）

【操作步骤】

1）从样板创建族

单击 R →"新建"→"族"→打开"新族-选择样板文件"对话框→选择"公制结构基础"→"打开"，如图1.3.11-4所示。

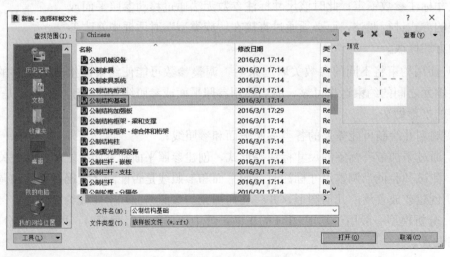

图1.3.11-4 选择样板文件

此时将显示两条绿色虚线，代表创建族几何图形时将使用的参照平面或工作平面，如图 1.3.11-5 所示。

注意：根据软件安装的不同，族样板可能位于本地或网络上的其他位置。

2）保存族

单击 **R** →"另存为"→"族"→打开"另存为"对话框→定位到族所要保存的位置，输入族的名称→"保存"，如图 1.3.11-6 所示。

（2）参照平面

【操作步骤】

方法一：在项目文件中，"工作平面"面板→"参照平面"，如图 1.3.11-7 所示。

图 1.3.11-5　默认平面

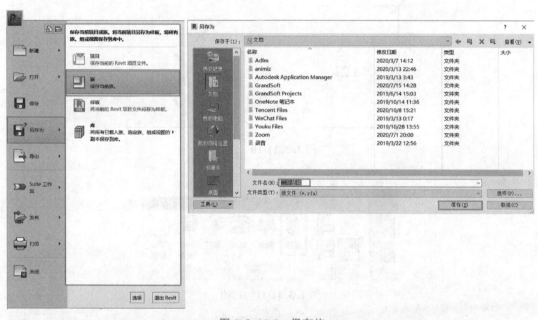

图 1.3.11-6　保存族

图 1.3.11-7　"工作平面"面板的"参照平面"

方法二：在族文件中，"创建"选项卡→"基准"面板→"参照平面"，如图 1.3.11-8 所示。

图 1.3.11-8　"基准"面板的"参照平面"

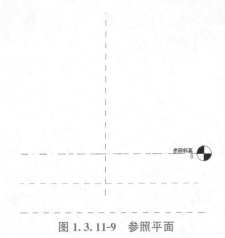

图 1.3.11-9　参照平面

注意：创建的参照平面以虚线（在软件中显示为绿色）的形式显示在界面中，如图 1.3.11-9 所示。

（3）设置尺寸标注的相等限制条件

【操作步骤】

选择一个多段尺寸标注，Revit 自动在标注附加显示一个被红色斜杠线划掉的"EQ"标志→点击"EQ"→多段尺寸标注中各分段尺寸变为相等的间距，且尺寸标注显示为"EQ"，如图 1.3.11-10 所示。

（4）创建→拉伸

【操作步骤】

1）"创建"选项卡→"形状"面板→"拉伸"→打开"修改｜创建拉伸"选项卡，如图 1.3.11-11 所示。

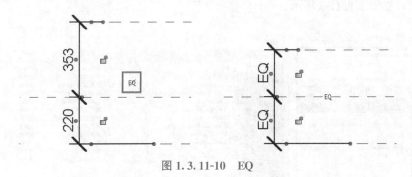

图 1.3.11-10　EQ

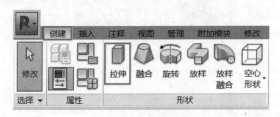

图 1.3.11-11　拉伸

2）"修改｜创建拉伸"→在"绘制"面板选择适合的工具绘制一个闭合图形（如图中的封闭矩形）→修改"深度"为需要的数值→单击"✔"，如图 1.3.11-12 所示。

注意：①绘制一个闭合图形将创建单个形状；绘制多个不相交的闭合图形，将创建多个闭合图形；②绘制闭合图形及生成实体所在平面为当前选择的工作平面。

（5）创建/取消图元的约束

【操作步骤】

当图元直接相互接触（如几何图形与几何图形相接触、几何图形与参照平面/参照线/工作平面相接触），或使用<AL>命令将两个图元的边缘对齐后，Revit 将在接触面提示锁定符号。

单击使锁定符号变为"关锁"形式时，将创建图元与图元间的约束；单击使锁定符号变为"开锁"形式时，将取消图元与图元间的约束，如图 1.3.11-13 所示。

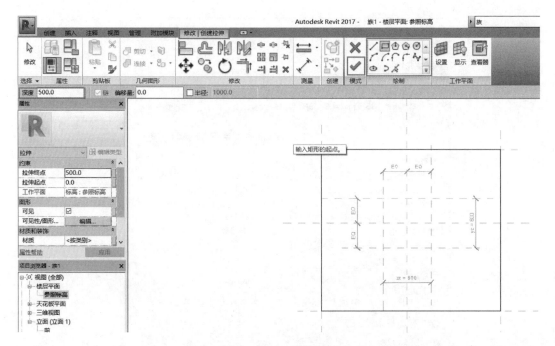

图 1.3.11-12 修改拉伸

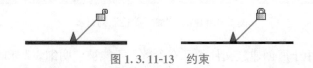

图 1.3.11-13 约束

创建约束将使两个图元始终在锁定符号提示的接触面保持接触状态。

（6）为尺寸标注添加标签以创建参数

【操作步骤】

1）选中第一个尺寸标注，"修改│尺寸标注"选项卡→"标记尺寸标注"面板→"创建参数"→打开"参数属性"对话框，如图 1.3.11-14 所示。

图 1.3.11-14 打开"参数属性"对话框

2）"参数属性"对话框→设置"参数类型"和"参数数据"（包括："名称（N）""类型/实例""参数分组方式"）→"确定"，如图 1.3.11-15 所示。

注意：创建参数后，修改参数值将立即修改尺寸标注及与尺寸标注关联的工作平面及图元尺寸和位置。

3）在"创建参数"对话框中以下选项代表的意义如下。

①"参数类型"面板：

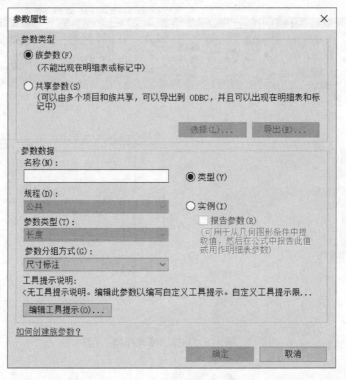

图 1.3.11-15 "参数属性"对话框

"族参数"：仅用于所创建族文件的私有参数，不能被"明细表"和"标记"族等其他族或项目文件引用。

"共享参数"：可以从其他族或项目中访问该参数，因此可以被"明细表"和"标记"族引用，从而生成相关标记和报表。

②"参数数据"面板：

"类型"：当多个同一类型的族实例放置在项目中时，不可单独修改其中任意一个的实例的类型参数；修改类型参数后，所有同一类型的所有族实例均受到影响。

"实例"：当多个同一类型的族实例放置在项目中时，可以单独修改其中任意一个的实例参数，且修改后各个族实例不互相影响。

③"规程"：将参数分类为"常用""建筑""结构"等专业，从而在不同规程界面进行管理。

④"参数类型"：定义参数的数据存储方式，包括"长度""文字""面积""体积"等。

注意：在此选择的大部分"参数类型"将为参数赋予单位，在后续使用公式时，应使单位保持协调一致，否则公式无法成立。

⑤"参数分组方式"：将修改参数在"族类型""属性"等面板或对话框中显示的分组。

（7）关联族参数

【操作步骤】

1）"属性"面板→选择字段（如"材质"字段)→点击最右边小方块→打开"关联族

参数"对话框，如图 1.3.11-16 所示。

2)"关联族参数"对话框→选择需要关联的参数→"确定"，如图 1.3.11-17 所示。

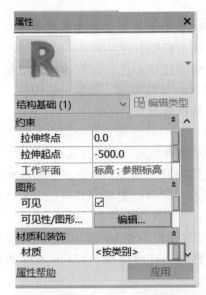

图 1.3.11-16　关联族参数

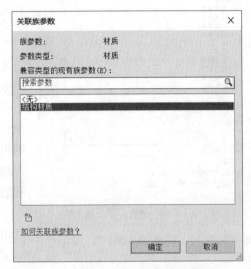

图 1.3.11-17　选择需要关联的参数

注意：本书中，关联"结构材质"参数至"材质"字段后，修改"结构材质"参数将立即修改对应几何图形的显示和分析用的材质。

(8) 修改族类别和族参数

【操作步骤】

1)"创建"选项卡→"属性"面板→"族类别和族参数"→打开"族类别和族参数"选项卡，如图 1.3.11-18 和图 1.3.11-19 所示。

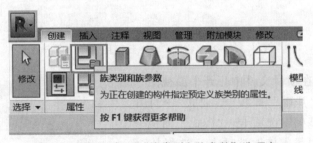

图 1.3.11-18　打开"族类别和族参数"选项卡

2)"族类别和族参数"对话框→选择创建的族所属类型，此处选择"结构基础"→"确定"。

族参数：选择合适的族参数。

其中：

① 主体：选中后显示基于主体（例如门和窗类族基于"墙"的主体创建）的族的主体。

② 基于工作平面：选中后，无主体的族将以活动的工作平面为主体。

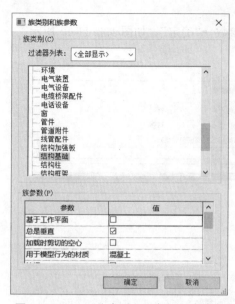

图 1.3.11-19 "族类别和族参数"选项卡

③ 总是垂直：选中后，即使该族位于倾斜的主体（如倾斜楼板）上也仍然显示为垂直世界坐标放置。

④ 加载时剪切的空心：选中后族中创建的空心将穿过项目模型中的实体。

注意：可通过空心进行切割的实体仅包括天花板、楼板、常规模型、屋顶、结构柱、结构基础、结构框架和墙。

⑤ 共享：仅当族嵌套到另一族内并载入到项目中时才适用此参数。如果嵌套族是共享的，则可以从主体族独立选择、标记嵌套族和将其添加到明细表。如果嵌套族不共享，则主体族和嵌套族创建的构件作为一个单位。

⑥ 标识数据参数包括 OmniClass 编号和 OmniClass 标题，它们都基于 OmniClass 表中 23 产品分类。

（9）在项目中布置二阶基础族

【操作步骤】

1）将二阶基础族载入项目文件

方法一：必须打开二阶基础族→"族编辑器"选项卡→"载入到项目"→打开"载入到项目中"选项卡→选择要载入的项目→"确定"，如图 1.3.11-20 和图 1.3.11-21 所示。

图 1.3.11-20 打开"载入到项目中"选项卡

方法二：必须在项目文件中打开平面视图→"结构"选项卡→"基础"面板→"独立"→打开"修改|放置独立基础"选项卡→"模式"面板→"载入族"→打开"载入族"选项卡→选择族→"确定"，如图 1.3.11-22 和图 1.3.11-23 所示。

2）将二阶基础族放置在合适的位置

必须在项目文件中打开平面视图→"结构"选项卡→"基础"面板→"独立"→打开"修改|放置独立基础"选项卡→在"属性"面板检查并修改族类型和族参数→鼠标移动到要放置基础的位置，单击完成放置，如图 1.3.11-24 和图 1.3.11-25 所示。

图 1.3.11-21 "载入到项目中"选项卡

图 1.3.11-22　打开"修改｜放置独立基础"选项卡

注意：采用"公制结构基础"模板，并以模板中参照标高为基础顶面所创建的二阶基础，当所放置位置有柱子时，将自动把基础顶面附着到柱子底部。

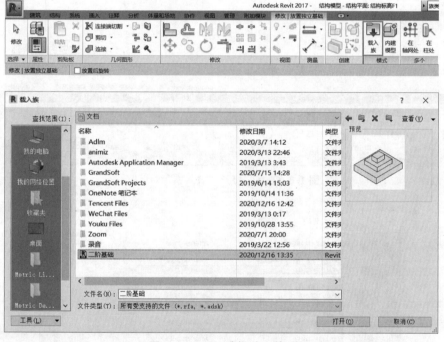

图 1.3.11-23　选择独立基础

（10）结构→柱

【操作步骤】

1）打开"修改｜放置结构柱"选项卡

方法一："结构"选项卡→"结构"面板→"柱"→"修改｜放置结构柱"选项卡。

方法二："建筑"选项卡→"构建"面板→"柱"下拉列表→"结构柱"→"修改｜放置结构柱"选项卡。

方法三：用户界面输入＜CL＞→"修改｜放置结构柱"选项卡。

2）载入族

"修改｜放置结构柱"选项卡→"模式"面板→"载入族"→"载入族"对话框中查找

"混凝土-矩形-柱"族文件→"打开",如图1.3.11-26和图1.3.11-27所示。

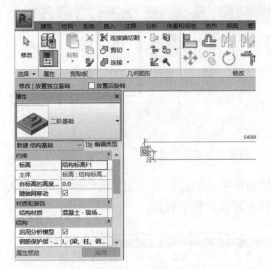

图1.3.11-24 "属性"面板

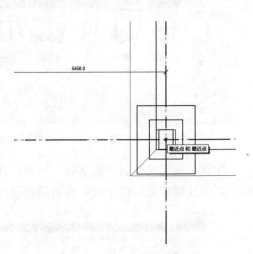

图1.3.11-25 放置独立基础

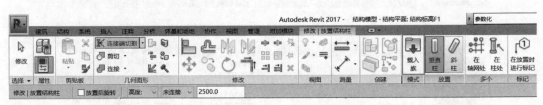

图1.3.11-26 打开"载入族"对话框

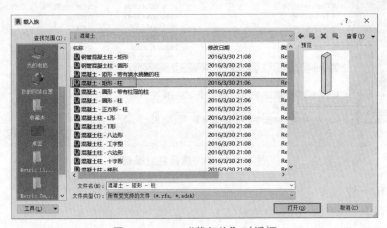

图1.3.11-27 "载入族"对话框

3) 新建族类型

"属性"选项板→"编辑类型"→"类型属性"对话框→"复制"→"名称"对话框→"名称(N)"栏输入"600×600"→"确定"→"类型属性"对话框→"b"栏输入"600"→"h"栏输入"600",如图1.3.11-28所示。

4) 放置柱

注意:在平面视图中,该视图的标高即为柱的底部标高。

图 1.3.11-28　新建族类型

"修改｜放置结构柱"选项卡→选项栏"深度/标高"下拉列表→"高度:"→"未连接"下拉列表→"结构标高 F2"→鼠标移动到要放置柱的轴网相交点附近（Revit 自动捕捉轴网交点，并用蓝色高亮显示)→点击，如图 1.3.11-29 和图 1.3.11-30 所示。

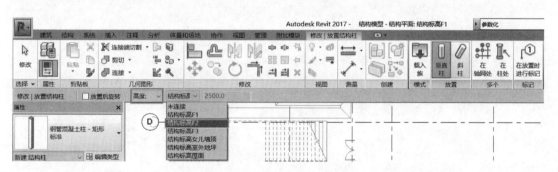

图 1.3.11-29　输入高度

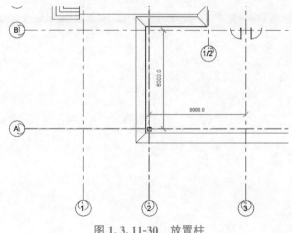

图 1.3.11-30　放置柱

5）点击"属性"选项板上的"编辑类型"工具，可根据需要载入各种类型截面的柱族；通过"属性"选项板上的"类型选择器"下拉列表，可以选择已载入的柱类型。

（11）修改柱的属性

1）选择柱→在属性"面板"修改柱的实例属性。

2）关于其中的属性：

① 底部标高：柱底部标高的限制。

② 底部偏移：从底部标高到底部的偏移。

③ 顶部标高：柱顶部标高的限制。

④ 顶部偏移：从顶部标高到顶部的偏移。

⑤ 柱样式：可选择"垂直""倾斜-端点控制"或"倾斜-角度控制"。指定可启用类型特有修改工具的柱的倾斜样式。

⑥ 房间边界：将柱限制条件改为房间边界条件。

---

5. 练习

【实操练习】 按照本任务教学内容进行练习，完成基础族和柱的绘制。

任务 1.3.12　梁绘制

本任务教学视频主要讲述如何在结构模型项目文件中绘制梁。

1.“1＋X”BIM 技能等级初级知识点与技能点

（1）熟悉建模流程；

（2）掌握梁的创建方法。

2. 教学视频

3. 使用逻辑、技巧与参数化技术应用点总结

（1）使用逻辑

梁是主要的水平支撑构件，在建模时，比较好的做法是先绘制轴网、柱，然后再创建梁。

（2）使用技巧

1.3.12　梁绘制

1）梁与柱一样具有分析模型。Revit 在创建梁时会自动根据一定的规则设置其“结构用途”属性。

2）“结构用途”可以导出到结构框架明细表中，以便统计大梁、托梁、檩条和水平支撑等不同类别构件的数量；也可以通过“结构用途”管理不同类别构件的线样式。

3）创建梁时，默认将梁的顶面对齐于当前绘图平面。因此如果视图属性中的“底剪裁平面”未事先设置为低于当前绘图平面的标高，则创建的梁是不可见的。为了便于查看梁构件，可以使用 Revit 提供的“结构平面”视图；此时视图范围将按预设值自动调整，并将梁显示出来。

（3）参数化技术应用点

1）通过复制创建新的混凝土矩形梁族类型。

2）通过修改族类型中梁截面宽度和梁截面高度参数控制梁的几何尺寸。

3）通过修改梁的其他实例属性，还可以更改标高偏移、几何图形对正、阶段化数据和其他属性。

4. 视频中第一次出现的 Revit 命令和功能简介

（1）结构→梁

【操作步骤】

1）打开“修改｜放置结构柱”选项卡

方法一：“结构”选项卡→“结构”面板→“　梁”→“修改｜放置梁”选项卡；

方法二：用户界面输入＜BM＞→“修改｜放置梁”选项卡。

2）载入族

“修改｜放置梁”选项卡→“模式”面板→“载入族”→“载入族”对话框中查找“混凝土-矩形梁”族文件→“打开”，如图 1.3.12-1 和图 1.3.12-2 所示。

3）新建族类型

“属性”选项板→“编辑类型”→“类型属性”对话框→“复制”→“名称”对话框→“名称（N）”栏输入类型名称→“确定”→“类型属性”对话框→“b”栏输入界面宽度→“h”栏输入截面高度，如图 1.3.12-3 所示。

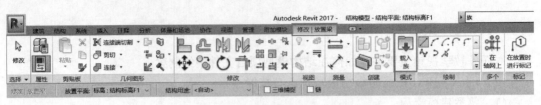

图 1.3.12-1　打开"载入族"对话框

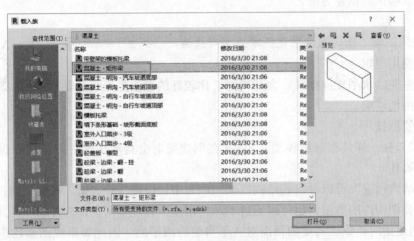

图 1.3.12-2　"载入族"对话框

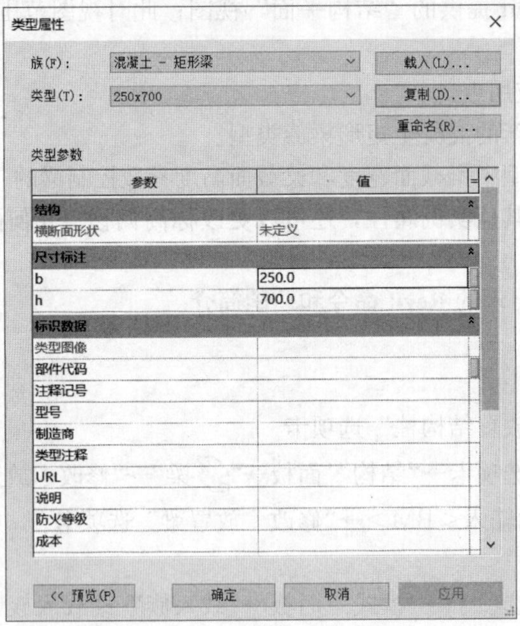

图 1.3.12-3　"类型属性"对话框

4）放置梁

注意：在某标高的平面视图中放置梁时，默认将梁的顶面对齐至平面视图的标高；否则应在"放置平面"下拉列表选择放置平面。

"修改│放置梁"选项卡→选项栏"放置平面"下拉列表选择放置平面→鼠标移动到

要放置梁起点并点击→鼠标移动到要放置梁的终点，如图 1.3.12-4 所示。

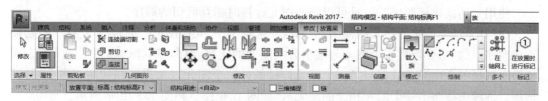

图 1.3.12-4 "修改｜放置梁"

放置梁后，可以在"属性"面板通过"起点标高偏移"字段和"终点标高偏移"字段修改梁相对于放置平面的位置；"起点标高偏移"字段和"终点标高偏移"字段以"mm"为单位，负数代表向下偏移，如图 1.3.12-5 所示。

（2）修改梁的属性

选择梁→在属性"面板"修改梁的实例属性。

其中：

1）参照标高：只读的值，取决于放置梁的工作平面。

2）工作平面：只读的值，放置图元的当前平面。

3）起点标高偏移：梁起点与参照标高间的距离。当锁定构件时，会重设此处输入的值。锁定时只读。

图 1.3.12-5 梁的偏移

4）终点标高偏移：梁端点与参照标高间的距离。当锁定构件时，会重设此处输入的值。锁定时只读。

5）方向：在绘制梁的倾斜平面上指定梁的方向。可设为"垂直"或"水平"。"垂直"会将梁翼缘与绘制它的平面保持平行。"水平"会将梁翼缘定向至水平位置。

6）几何图形位置各选项：一般适用于钢梁。

（3）连接几何图形

"修改"选项卡→"几何图形"面板→"连接"→"连接几何图形"（如果要将所选的第一个几何图形实例连接到其他几个实例的，可选择选项栏上的"多重连接"）→选择要连接的第一个几何图形→选择要与第一个几何图形连接的第二个几何图形（如果已选择"多重连接"，则继续选择要与第一个几何图形连接的其他几何图形）。如图 1.3.12-6 所示。

注意：使用"连接几何图形"命令时，第一个拾取对象的材质将同时应用于两个对象。

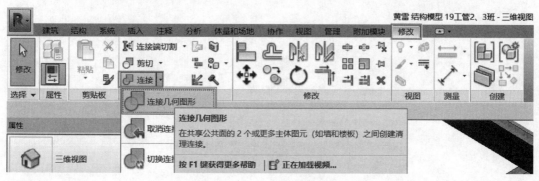

图 1.3.12-6 连接几何图形

（4）切换连接顺序

使用"切换连接顺序"工具可以修改图元连接时相互剪切的顺序。

（打开显示要连接的图元的视图）"修改"选项卡→"几何图形"面板→"连接"→"切换连接顺序"（如果要切换多个图元与某个公共图元的连接顺序，选择选项栏上的"多个切换"）→选择一个图元→选择与第一个图元连接的另一个图元（如果正在使用"多个切换"选项，继续选择与第一个图元相交的图元），如图1.3.12-7和图1.3.12-8所示。

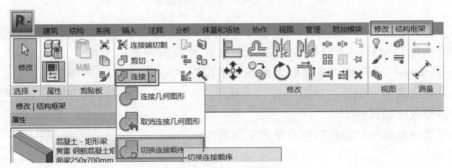

图1.3.12-7　切换连接顺序

图1.3.12-8　切换连接顺序示例示意

5. 练习

【实操练习】　按照本任务教学内容进行练习，根据框架梁施工图完成梁的建模。

任务 1.3.13 模型合并（初级协同）

本任务教学视频主要讲述通过"链接"的协同方式将建筑与结构模型初次合并，并修改模型合并后发现的错误。错误修改完毕后，再次合并模型，并进行"绑定链接"和"解组"的操作。最后，还要通过"连接"去除模型重叠部分（板与柱梁、墙与柱梁），以及调整节点连接顺序，达到优化模型的目的。

1. "1＋X" BIM 技能等级初级知识点与技能点

（1）熟悉建模流程；

（2）掌握简单协同工作方法和流程。

2. 教学视频

1.3.13-1 模型合并
及修改优化之一

1.3.13-2 模型合并
及修改优化之二

1.3.13-3 模型合并
及修改优化之三

1.3.13-4 去除重叠
部分（板与柱梁）

1.3.13-5 去除重叠
部分（墙与柱梁）

3. 使用逻辑、技巧与参数化技术应用点总结

（1）使用逻辑

1）创建混凝土结构模型的过程中，Revit 将对满足一定标准的混凝土结构图元自动互相连接。互相连接后，优先级较高的图元形状保持不变，与其连接的优先级较低图元的重叠部分则被剪切掉。

连接后的图元在项目的所有视图中，仍然表示为单个的体量。

可能自动相互连接的混凝土结构图元有：

①梁与梁；②梁与柱；③独立基础与独立基础；④独立基础与墙基础；⑤结构楼板与梁；⑥结构楼板与柱；⑦结构楼板与楼板边；⑧墙与梁；⑨墙与柱。

以上混凝土构件相互连接时：

① 结构楼板、墙拥有主控几何特征和最高的优先级，将不会自动彼此连接，如无干预则保持原有形状；

② 对于混凝土梁、柱等其他混凝土元素，则按表 1.3.13-1 优先级进行连接。

连接优先级

表 1.3.13-1

图元	主控图元（即不被剪切的图元）
梁	先创建的梁
柱	柱
独立基础	先创建的独立基础
条形基础	独立基础

【示例 1】 下图为某简化框架模型的平面视图，其中混凝土框架梁、框架柱的截面尺寸均为 500mm×500mm。混凝土框架梁创建时，采用轴交点至交点的长度创建，其"长度"为 5000mm，如图 1.3.13-1 所示。

创建完毕后，Revit 将自动按照预定的优先级相互连接梁、柱。此时，由于柱构件属于主控图元，故框架梁与柱连接部分被剪切掉，Revit 属性窗口给出的框架梁"剪切长度"为：4500mm；据此计算出混凝土梁的体积为：$0.5m \times 0.5m \times 4.5m = 1.125m^3$，如图 1.3.13-2 所示。

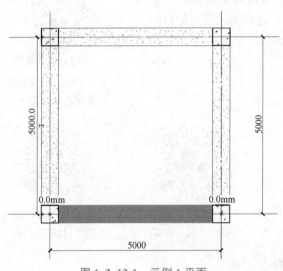

图 1.3.13-1　示例 1 平面

图 1.3.13-2　示例 1 混凝土体积

【示例 2】　在示例 1 的基础上，绘制一块厚度为 100mm 的板，如图 1.3.13-3 所示。

创建完毕后，由于板类构件属于主控图元，且优先级最高，故与板相连接的框架梁、框架柱的重叠部分均被剪切掉。此时，Revit 属性窗口给出的框架梁的体积为：$0.5m \times (0.5m - 0.1m) \times 4.5m = 0.9m^3$，如图 1.3.13-4 所示。

图 1.3.13-3　示例 2 三维示意图

图 1.3.13-4　示例 2 混凝土体积

2）显然，Revit 按默认主控图元及其优先级进行的图元剪切并不总是满足建模的需要。

例如：

① 在制作结构剖面图时，通常希望将梁的截面完整显示出来；

② 根据现行工程量计算规范或各地区有关定额计算混凝土结构工程量时，柱、梁、板、墙的连接部分扣减规则有所不同。

此时，可利用"切换连接顺序"工具修改反向连接图元。反向连接后，相应的图元显示和计算体积将与显示的相一致。

【示例3】 在示例2的基础上，使用"切换连接顺序"工具，将板和柱反向连接，如图1.3.13-5所示。

查看板的属性，则板的体积=5.5m×5.5m×0.1m−(0.5m×0.5m×0.1m)×4m=2.925m^3，如图1.3.13-6所示。

3）在前述章节中，已经介绍了如何利用"链接Revit"命令将建筑模型的项目文件链接入新创建的结构模型项目文件中，再通过"复制/监视"命令将建筑模型中的标高、轴网复制到结构模型，并开展结构部分建模的操作。

当结构模型建模完成后，可以再次使用"链接"命令，将两个专业的模型合并起来，以完成初步的协同建模工作。在链接过程中，我们可以根据需要选择其中一个模型作为主体模型，而将其他模型链接到主体模型中。

在教材示例中，我们主要以建筑模型为基准，检查并修改结构模型和MEP模型；因此，采用了建筑模型作为主体模型。

图1.3.13-5 示例3三维示意图

图1.3.13-6 示例3混凝土体积

4）链接的模型将列在项目浏览器的"Revit链接"分支中。但为了在主体模型中实现对被链接模型的修改，需要使用"绑定链接"工具，将被链接的模型中的图元、基准等转换为"组"。

绑定链接后，在主体模型中可使用"编辑组"命令，进入组编辑器中对被链接模型进行修改。此时在组编辑器所做的修改将在保存主体模型时传回被链接的模型之中。

（2）使用技巧

1）关于混凝土类图元、填充墙类图元连接顺序的技巧略述如下：

① 框架柱与板的连接

根据《房屋建筑与装饰工程工程量计算规范》GB 50854—2013 附录 E.2 的规定，有梁板的框架柱体积计算时，其柱高应自柱基上表面（或楼板上表面）至上一层楼板上表面之间的高度计算。

因此，一般情况下，应反向调整混凝土框架柱与板的连接顺序，以使板扣除与柱重叠部分的体积（这与工程实际也是相符的；结构设计时，通常柱的混凝土等级大于等于板的混凝土等级，故板、柱连接处的混凝土体积应扣除板的重叠部分体积）。

注意：根据 GB 50854—2013 附录 E.5 的规定，板在扣除此类重叠部分体积时，不扣除单个面积≤0.3m² 的柱、垛以及孔洞所占的体积；而部分地区（如广西）的有关定额中，要求将所有柱重叠体积扣除，故框架柱与板的连接应根据实际情况加以调整。

② 剪力墙与板的连接

剪力墙构件与柱同属竖向构件，故剪力墙与板重叠部分应扣除板的体积；这与 Revit 的预设优先级是相符的，故一般情况下剪力墙与板的连接连接顺序无需更改。

③ 剪力墙与柱的连接

由于剪力墙有暗柱、边缘约束构件，故剪力墙与柱的连接应根据本地区定额的规定和工程实际情况加以选择。

④ 柱与梁、剪力墙与垂直方向梁的连接

根据 GB 50854—2013 附录 E.3 的规定，梁构件体积计算长度算至柱侧面；这与 Revit 的预设优先级是相符的，故一般情况下柱、剪力墙与梁的连接顺序无需更改。

⑤ 剪力墙与平行方向梁的连接

这种情况下梁一般表现为与剪力墙截面宽度相同的内部连梁，故应将相连接的梁剪切掉。但如果确实出现与剪力墙截面宽度不同，混凝土等级也与剪力墙等级不同的平行梁类构件的，则可能属于转换层类构件，建议咨询设计单位后再修改。

⑥ 梁和板的连接

根据 GB 50854—2013 附录 E.5 的规定，有梁板（包括主、次梁与板）按梁、板体积之和计算，故梁和板的连接顺序实际对最终工程量没有影响，一般情况下梁和板的连接顺序无需更改。

⑦ 填充墙与混凝土构件的连接

填充墙不属于结构构件，故填充墙与混凝土构件连接时，应该总是将填充墙的重叠部分剪切掉。

2）利用"切换连接顺序"逐个调整混凝土构件的连接顺序以达到准确计算工程量的目的，对于较大规模的工程通常是难以实现的。此时可采用以下方法处理：

① 采用第三方插件的编辑功能。

② 运用 Python 语言脚本调用 Revit API 以实现构件连接顺序的切换。

③ 运用 Dynamo 2.5 以上版本的可视化编程语言，调用如下节点：

a. 调用"Categories"节点设置调整顺序构件类型；

b. 调用"All Elements of Category"节点，将"Categories"节点的 Categories 参数传入"All Elements of Category"以实现图元选择；

c. 调用"Elements.SetGeometryJoinOrder"节点，将"All Elements of Category"

节点的 Elements 参数传入，即可调整选中类型构件的顺序调整。

其中，Dynamo 是基于 Revit 的参数化设计的辅助可视化编程工具，运用 Dynamo 进行模型创建和修改属于 BIM 高级应用技巧，可参阅本教程的高级应用部分或其他官方文档以了解更多内容。

3）链接模型除可用于连接不同专业的模型外（如：建筑模型、结构模型、MEP 模型等），还可用于在大型项目中链接各个独立的项目模型。例如某大型楼盘有多栋建筑组成，则可以在其中一个场地平面链接各个独栋建筑，最终形成楼盘项目的整体模型。

4）将模型链接到某个项目文件中时，Revit 将同时打开所有链接模型内容，并将其复制到计算机的内存中。因此，项目文件链接的数量越多，打开链接模型所需的时间也越长。

在较大的项目建模完毕，将所有独立模型进行整合修改、检查、编辑的工作的过程中（部分企业或机构将此过程称为"合模"），有必要使用较高配置的计算机或服务器开展行工作。

5）在链接模型时，最好使各个模型内容的版本统一，否则执行链接命令后，Revit 将提示是否将所要链接的较旧的模型升级到当前软件版本。此时，选择"取消升级"，则模型既不会升级，也不会链接到当前项目文件中。

如果选择继续升级，则 Revit 将继续进行升级，并将升级后的内容临时保存在内存中。此时，对于所链接模型的修改是临时的，在保存主体模型时，这些修改无法传回所链接的模型之中。

如果要链接的模型版本高于当前软件版本，则链接命令无法执行。

（3）参数化技术应用点

1）通过链接的方式使得链接与被链接的模型相应图元构件间发生参数的相互关联，实现较为简单的协同工作。

2）参数化、可视化 Dynamo 编程软件在 Revit 二次开发中的应用，可以定制更加符合用户需求，参数化程度更高的功能和命令。

4. 视频中第一次出现的 Revit 命令和功能简介

（1）绑定链接

【操作步骤】

1）在绘图区域中选择链接模型。

2）单击"修改 | RVT 链接"选项卡，单击"链接"面板中的"绑定链接"工具，打开"绑定链接选项"对话框，如图 1.3.13-7 所示。

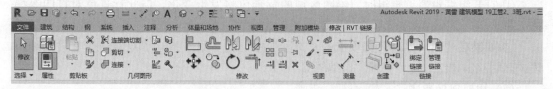

图 1.3.13-7　打开"绑定链接选项"对话框

3）此时，需在"绑定链接选项"对话框中选择转换为"组"的图元和基准，如图 1.3.13-8 所示。

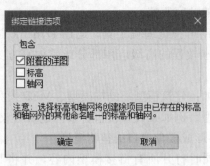

图 1.3.13-8 "绑定链接选项"对话框

"绑定链接选项"对话框中包含：

①"附着的详图"：将视图专有的详图图元包括在"组"中；

②"标高"：将具有唯一名称的标高作为基准包括在"组"中；

③"轴网"：将具有唯一名称的轴网作为基准包括在"组"中；

4）单击"确定"完成绑定链接。

注意：

如果在项目已经存在一个名称正好与被链接的模型同名的组，则 Revit 将弹出一个对话框说明此情况，并提示是否替换已经存在的组。在此对话框中，单击"是"，则原有的组将被替换；单击"否"，则将使用新名称保存组，且 Revit 将显示另一个对话框，说明链接模型的所有实例都将从项目中删除，但链接模型文件仍会载入到项目中。

（2）编辑组

【操作步骤】

1）在绘图区域中选择要修改的组。

2）单击"修改 | 模型组"选项卡，单击选项卡"组"面板中的"编辑组"工具，进入"组编辑器"，并弹出"编辑组"选项卡，如图 1.3.13-9 所示。

图 1.3.13-9 打开"编辑组"选项卡

3）在"编辑组"选项卡上，单击"添加"选项，可以将图元添加到组；单击"删除"选项，可以从组中删除图元，如图 1.3.13-10 所示。

此外，可以对组内的图元做其他修改。

4）完成后编辑后，单击"完成"选项。

注意：

图 1.3.13-10 "编辑组"选项卡

① 打开组编辑器编辑组时，绘图区域的背景色将发生变化，但此背景色对打印等操作无影响。

② 如果在"用户界面"选项卡的"选项"中，为"组"指定了双击动作是进入编辑模式，则双击"组"也可打开"组编辑器"。

（3）切换连接顺序

1）打开显示要连接的图元的视图。

2）单击"修改"选项卡，在当前几何图形面板"连接"下拉列表中，选择"切换连接顺序"工具，如图 1.3.13-11 所示。

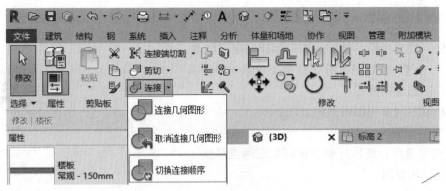

图 1.3.13-11 "切换连接顺序"工具

3）如果要切换多个图元与某个公共图元连接顺序的，则同时勾选选项栏上的"多个开关"，如图 1.3.13-12 所示。

图 1.3.13-12 多个开关

4）选择一个图元。

5）选择与第一个图元连接的另一个图元。如果勾选了"多个开关"选项，则可以继续选择与第一个图元相交的图元，从而修改连接顺序。

6）修改完毕后，点击"修改"或者直接按 Esc 键退出编辑。

5. 练习

【实操练习】　按照本任务教学内容进行练习，将创建的建筑、结构模型链接合并起来，并检查修改建模中的错误。

任务 1.3.14　创建门窗明细表

本任务教学视频主要讲述如何创建门窗明细表。

1. "1+X" BIM 技能等级初级知识点与技能点

（1）熟悉建模流程；

（2）掌握门窗明细表创建方法。

2. 教学视频

3. 使用逻辑、技巧与参数化技术应用点总结

（1）使用逻辑

1.3.14　创建门
明细表

1）明细表是以表格形式显示项目文件中各图元属性（注意：必须是可被访问和提取的图元属性）的列表。

2）明细表可以列出每个图元实例，也可按成组或其他分类标准将多个图元实例信息进行统计；因此可以方便地创建门窗表、面积统计表、材料清单等表格，并将表格显示在相关视图和图纸中。

（2）使用技巧

1）由于明细表中显示的图元属性是与图元相关联和绑定的，因此每当对图元属性进行修改时，Revit 会自动协调和更新相关明细表中显示的属性，以使明细表反映的属性与图元一致；可以利用这种特性在明细表中对某些图元属性进行批量修改，反之亦然。

2）通过将明细表导出到其他软件程序中（如电子表格程序 Excel），还可以进行二次数据处理。

（3）参数化技术应用点

1）创建门窗明细表（关键字明细表）。

2）将关键字应用到图元中。

4. 视频中第一次出现的 Revit 命令和功能简介

（1）创建关键字明细表

【操作步骤】

1）打开"新建明细表"对话框：

"视图"选项卡→"创建"面板→"明细表"下拉列表→"明细表/数量"→"新建明细表"对话框，如图 1.3.14-1 所示。

图 1.3.14-1　创建明细表

2）选择要设置明细表关键字的图元类别（如"门"），修改名称，选择"建筑构件明细表"或"明细表关键字"（如果选择"明细表关键字"，Revit 会自动填写一个关键字名称，如果需要可输入一个新名称）→"确定"→打开"明细表属性"对话框，如图 1.3.14-2 所示。

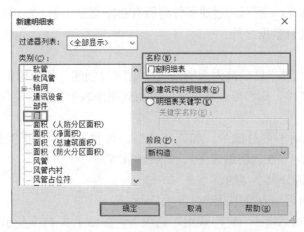

图 1.3.14-2　"新建明细表"对话框

3）编辑明细表字段：

"明细表属性"对话框→"字段"选项卡。

使用"添加/删除参数"将所需要的字段添加到明细表中，被添加的字段显示在"明细表字段（按顺序排列）"的窗格中；例如添加"族与类型""标记""粗略宽度""粗略高度"，如图 1.3.14-3 所示。

不需要的字段也可以使用"添加/删除参数"删除；此外可以通过"上移/下移参数"图标改变明细表字段的排列顺序（上述操作在创建明细表后仍可通过"字段编辑"进行调整）。

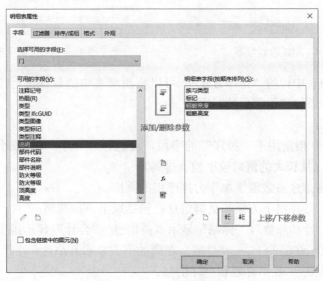

图 1.3.14-3　明细表字段

4）（可选）编辑明细表过滤器：

"明细表属性"对话框→"过滤器"选项卡。

通过添加"过滤条件"，可以选择明细表中要显示的参数范围；最多可以创建四个过滤条件，此时明细表中满足了所有过滤条件的参数才能被显示在明细表中。

例如：如图 1.3.14-4 所示的过滤条件将所有粗略宽度小于 1000 且粗略高度小于 1000 的门排除在明细表统计数据之外。

注意：

① 过滤条件必须基于已经被列入明细表中的字段创建，如果想创建某些不在明细表中显示出来的过滤条件，则需要先将该字段添加到明细表中，然后利用"格式"选项卡的隐藏功能将其隐藏。

② 有一些字段是不可过滤的，如族、类型、族和类型、面积类型（在面积明细表中）、从房间、到房间（在门明细表中）、材质参数等。

③ 过滤条件是区分大小写的。

5）（可选）编辑明细表排序/成组：

"明细表属性"对话框→"排序/成组"选项卡，如图 1.3.14-5 所示。

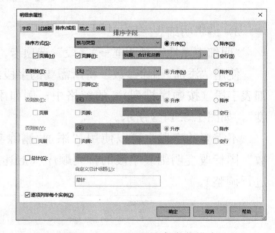

图 1.3.14-4　明细表过滤器　　　　图 1.3.14-5　明细表字段排序

通过指定明细表中行的"排序方式"，可以将明细表中的数据进行排序，还可以将页眉、页脚以及空行添加到排序后的行中。

其中：

①"排序字段"指定用于"排序"的字段，可选择"升序"（从较小的值向较大的值排列）或"降序"（从较大的值向较小的值排列）。

②"页眉"：将排序参数值添加作为排序组的页眉。

③"页脚"：在排序组下方添加页脚信息；包括以下下拉选项：

A."标题、合计和总数"："标题"显示页眉信息。"合计"显示组中图元的数量。标题和合计左对齐显示在组的下方。"总数"在列的下方显示其小计，小计之和即为总计。

B."标题和总数"：显示标题和小计信息。

C."合计和总数"：显示合计值和小计。

D. "仅总数"：仅显示可求和的列的小计信息。

④"空行"：点选后在排序组间插入一空行。

⑤"逐项列举明细表中的图元的每个实例"：如果勾选此项，则明细表中将逐项列举所有实例及其参数；清除此选项则将多个实例根据排序参数压缩到同一行中，如果未指定排序参数，则所有实例将直接压缩到一行中。

6)（可选）编辑明细表格式：

"明细表属性"对话框→"格式"选项卡，如图 1.3.14-6 所示。

图 1.3.14-6　编辑明细表格式

在"明细表属性"对话框中可以指定格式选项，如列方向、对齐、网格线、边界、字体样式等。

其中：

①"标题"：可以编辑每个字段的列名以代替原有字段名称。

②"标题方向"：指定列标题在图纸上的方向（有"水平""垂直"两种方向可选）。

③"对齐"：选择本字段中各行参数的对齐方式（有"左""中心线""右"3 种对齐方式可选）。

④"字段格式"：设置数值字段的单位和外观格式（仅对有单位的参数有效）。

⑤"隐藏字段"：勾选后本字段不在明细表中显示，对于需要利用某个字段进行排序或过滤，但又不希望在明细表中显示该字段时很有用。

⑥"显示汇总明细表中数值列的小计"又包括以下选项：

A. "标准"：按默认的排序和过滤器显示。

B. "计算总数"：显示汇总明细表中数值列的小计，只能用于可计算总数的字段，如房间面积、成本、合计或房间周长（注意：如果在"排序/成组"选项卡中清除了"总计"选项，则不会显示总数）。

C. "计算最小值/计算最大值/计算最小和最大值"：显示汇总明细表中数值列的最小或最大结果，或同时显示这两个结果。（注意：最小和最大计算结果仅显示在汇总明细表中。必须在"排序/成组"选项卡上取消选中"逐项列举每个实例"才能查看计算结果。）

⑦"在图纸上显示条件格式"：将"条件格式"显示在图纸中，也可以打印出来。

7）（可选）编辑明细表外观：

"明细表属性"对话框→"外观"选项卡，如图1.3.14-7所示。

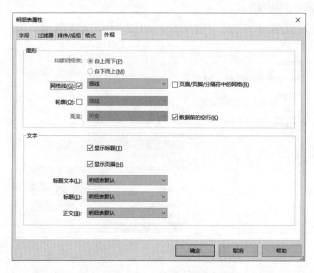

图1.3.14-7　编辑明细表外观

可以在"外观"选项卡修改明细表的外观显示细节。

其中：

①"构建明细表"：自上而下或自下而上显示明细表标题、字段；默认不可更改。

②"网格线"：可指定是否在明细表行周围显示网格线，并可以指定网格线的线形。

③"页眉/页脚/分隔符中的网格"：勾选后将垂直网格线延伸至页眉、页脚和分隔符。

④"轮廓"：将明细表添加到图纸视图中时将显示边界。如果清除该选项，但仍选中

图1.3.14-8　重新编辑字段

"网格线"选项，则网格线样式将被用作边界样式。

⑤"数据前的空行"：勾选后在数据行前插入空行。

⑥"显示标题"/"显示页眉"：控制是否显示明细表的标题和页眉。

⑦"标题文本"/"标题"/"正文"：分别控制明细表总标题、字段标题和参数文本的样式。

（2）重新编辑明细表字段

【操作步骤】

"属性"面板→"其他"→"字段"点击"编辑"，如图1.3.14-8所示。

5. 练习

【实操练习】　按照本任务教学内容进行练习，创建门窗明细表。

任务 1.3.15　创建图纸及成果输出

本任务教学视频主要讲述如何将模型以图纸和其他格式输出，以便用于打印和其他用途。

1. "1+X" BIM 技能等级初级知识点与技能点

（1）熟悉建模流程；

（2）掌握图纸创建、成果输出的方法。

2. 教学视频

1.3.15-1　创建图纸　　　　　　　1.3.15-2　成果输出（打印图纸和导出 CAD）

3. 使用逻辑、技巧与参数化技术应用点总结

（1）使用逻辑

1）在 Revit 中可以创建图纸视图，并在每个图纸视图中根据需要放置标题栏、多个视图或明细表，最终形成可用于输出或打印的图纸。

2）新建图纸视图后，图纸视图将列在项目浏览器中的"图纸（全部）"条目下。

3）使用 Revit 的"打印"工具可打印当前窗口；当前窗口的可见部分或所选的视图和图纸。

4）"打印"工具可以将图形发送到实体打印机或虚拟打印机，从而可以打印实体图纸或 PRN 文件、PLT 文件或 PDF 文件。

5）使用"导出"工具，可以将视图或图纸导出为 CAD 格式文件（包括 DWG、DXF、DGN、ACIS 等格式）及 DWF 格式文件，便于与其他人员或软件进行数据交互。

（2）使用技巧

1）图纸所使用的标题栏可以从预设或自定义的"标题栏"族中生成，通过标签和标记读取视图和项目信息，可以实现标题栏信息自动生成和填写的功能。

2）可以将图像、文字等内容单独添加在图纸中。

3）利用"▦导向轴网"功能，可以将不同图纸上的视图对齐在同一位置。

4）为了简化打印和成果输出过程，建议创建适用于同一类打印的打印设置、视图/图纸集，以便于后期实现快速打印/输出。

5）将多个视图和图纸打印到 PDF 时，可以指定将各个视图或图纸保存在单独的 PDF 文件中或集成为一个 PDF 文件。

6）Revit 的打印功能按照"所见即所得"的原则设计，但以下几种情况除外：

① 打印作业的背景颜色始终为白色。

② 默认不打印参照平面、工作平面、裁剪边界、未参照视图的标记和范围框。如果确实需要打印的，应在"打印设置"对话框中清除相应的"隐藏"选项。

③ 默认打印那些使用"临时隐藏/隔离"工具在视图中隐藏的图元。

④ 使用"细线"工具修改过的线宽将使用其默认线宽进行打印。

7）为了提高打印效率和打印性能，应在打印前检查以下设置：

① 应确保打印机和虚拟打印机的驱动程序正确。

② 删除视图中不需要的链接以减少内存资源。

③ 建议设置"远剪裁"属性以提高立面视图、剖面视图和透视视图的打印速度。

④ 因矢量打印通常比光栅打印速度更快，因此尽量使用矢量打印。

⑤ 当打印过程耗时较久时，可以使用状态栏上出现的"取消"按钮停止打印，并重新检查模型。

8）使用"导出"工具前，宜检查下列设置：

① 尽量减少不必要的几何图形导出数量；具体做法可以关闭部分图形，例如渲染外部场景时先关闭建筑内部图元；使用剖面框或者裁剪区域控制导出范围；在导出视图的绘图区域底部视图控制栏上单击"详细程度"，选择粗略、中等或精细。

② 创建或修改图层映射，确保存储在类别和子类别中的各项目信息都导出到适当的CAD图层；其中 DGN 格式的信息保存在文本文件中，DWG、DXF 的信息保存在"导出设置"中。

此外，Revit 内置了以下图层映射选项可供选择：美国建筑师学会（AIA）、ISO标准13567、新加坡标准 83、英国标准 1192。

③ 调整视图比例以控制精确度/性能比。视图比例越小，显示越精细，花费的资源和时间越多。

（3）参数化技术应用点

1）利用参数化的"图框"族存储和传递项目的名称、所有者、设计者等相关信息。

2）采用 PDF、DWG 等多种格式参数化输出模型成果以满足用户多样化的需求。

4. 视频中第一次出现的 Revit 命令和功能简介

（1）创建图纸

【操作步骤】

1）打开"新建图纸"对话框：

"视图"选项卡→"图纸组合"面板→" 图纸"→"新建图纸"对话框，如图 1.3.15-1所示。

图 1.3.15-1　打开"新建图纸"对话框

2）"新建图纸"对话框→选择与所需图幅相应的标题栏族，根据需要选择占位符图纸→"确定"，如图 1.3.15-2 所示。

注意：实际工程中，除了 Revit 生成的图纸，有时还需要加入其他来源的图纸（Revit称为"顾问图纸"）以形成完整的图册；"占位符图纸"即是为了使图纸编排与"图纸列表"中的明细表数据相符而创建的图纸，"占位符图纸"创建完成后，可以让其保持原样以表示顾问图纸，也可以将其转换为项目图纸。

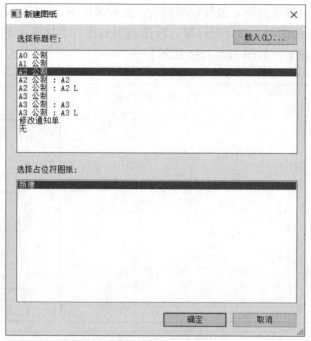

图 1.3.15-2 "新建图纸"对话框

（2）放置视图

【操作步骤】

1）将视图添加到图纸中：

方法一：（必须位于"图纸"视图中）"视图"选项卡→"图纸组合"面板→"视图"→打开"视图"对话框→选择一个视图，然后单击"在图纸中添加视图"，如图 1.3.15-3 所示。

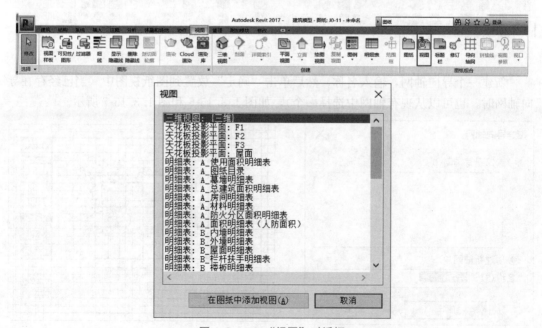

图 1.3.15-3 "视图"对话框

方法二：在项目浏览器中，展开视图列表，找到该视图，然后将其拖拽到图纸上。

2）在绘图区域的图纸上移动光标时，所选视图的视口会随其一起移动。单击以将视口放置在所需的位置上，如图 1.3.15-4 所示。

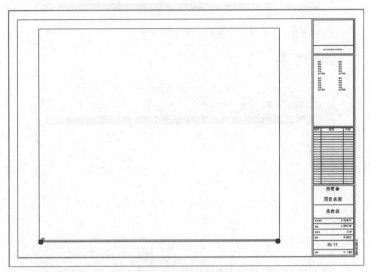

图 1.3.15-4　放置视口

3）（可选操作）打开导向轴网并对齐视口：

（必须位于"图纸"视图中）"视图"选项卡→"图纸组合"面板→" 导向轴网"→打开"指定导向轴网"对话框，如图 1.3.15-5 所示。

图 1.3.15-5　创建导向轴网

新建一个导向轴网，输入名称，然后单击"确定"放置到图纸视图中（当已经存在导向轴网时，也可以从现有轴网中选择一个），如图 1.3.15-6 和图 1.3.15-7 所示。

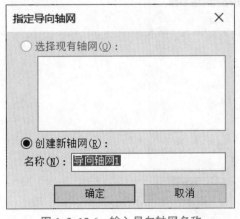

图 1.3.15-6　输入导向轴网名称

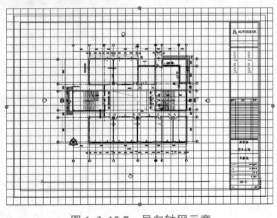

图 1.3.15-7　导向轴网示意

注意：

① 同一个导向轴网被放置在不同图纸视图上时，其位置、属性均保持不变；因此在一张图纸中更改轴网向导的属性/范围时，使用该轴网的所有图纸都会相应得到更新。

利用此特性可以将视图中的图元、轴网与导向轴网对齐，从而控制所有图纸中的视图位置。

② 可以通过单击并拖拽范围控制点以指定导向轴网的范围。

③ 默认生成的导向轴网范围等于图纸范围加上一定的偏移范围。如果视图中并不存在任何图元，则将默认创建一个 900mm×600mm 的导向轴网。

4）（可选操作）对齐标题：

当图纸视图中存在两个或以上带标题的视图时，移动其中一个视图的标题与另一个视图的标题对齐时，Revit 会显示一条虚线。

此时这两个被虚线对齐的标题将被锁定，即使视口大小发生改变，对齐的视图标题仍将保持对齐，如图 1.3.15-8 所示。

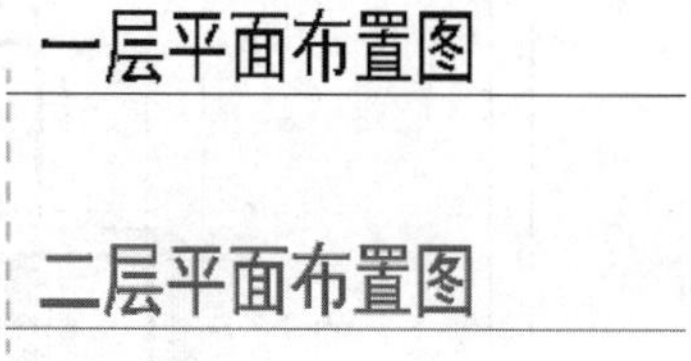

一层平面布置图

二层平面布置图

图 1.3.15-8　对齐标题

5）（可选操作）重命名视图标题：

有时视图名称与需要显示的标题是不一致的；此时应选中需要重命名的视图，在"属性"的"标识数据"栏中修改"图纸上的标题"字段，从而更改显示在图纸视图中的标题，如图 1.3.15-9 所示。

图 1.3.15-9　重命名
视图标题

6）（可选操作）修改项目专有信息：

项目专有信息是指在项目的所有图纸上都保持相同的数据。

项目专有信息是对于整个项目有效的，包括发布日期、状态、客户名称、项目的地址、名称和编号等在内的通用信息（即每张图纸都相同的信息）。

当标题栏中设置了引用项目专有信息的标记时，Revit 将首先使用项目信息填写相关标记。此时：

① 如果在"管理"选项卡→"设置"面板→"项目信息"→"项目信息对话框"中填写或修改项目专有信息的，则 Revit 将使用新信息更新项目中的所有图纸。

② 如果直接在图纸上输入或更改相关项目专有信息的，则 Revit 将使用新信息更新项目中的所有图纸，并修改"项目信息对话框"的所有信息与图纸一致。

7）（可选操作）修改图纸专有信息：

图纸专有信息是与项目中的单个图纸视图有关的数据，包括图纸名称、编号、设计者等在内的信息（通常每张图纸都不相同的信息）。

此时可以：

① 直接单击标题栏中图纸专有信息的占位符文字进行修改。

② 打开图纸，在"属性"选项板上修改图纸专有信息。

（3）放置明细表

【操作步骤】

1）在项目浏览器中的"明细表/数量"下，选择明细表，然后将其拖拽到绘图区域中的图纸上。

2）当光标位于图纸上时，松开鼠标键。Revit会在光标处显示明细表的预览。

3）将明细表移动到所需的位置，然后单击以将其放置在图纸上，如图1.3.15-10所示。

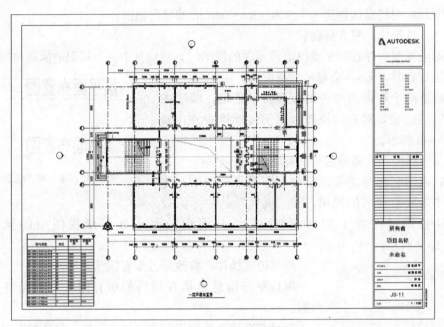

图1.3.15-10　放置明细表

（4）图纸列表

【操作步骤】

1）"视图"选项卡→"创建"面板→"明细表"下拉列表→"图纸列表"→打开"图纸列表属性"对话框，如图1.3.15-11所示。

图1.3.15-11　创建图纸列表

2)"图纸列表属性"对话框→设置"字段""过滤器""排序/成组""格式""外观"等选项（详见"任务 1.3.14"）→"确定"，如图 1.3.15-12 所示。

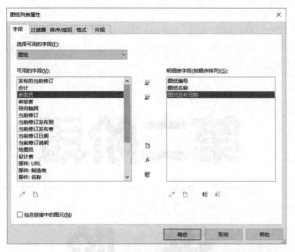

图 1.3.15-12　图纸列表属性

注意：通常会将图纸列表放置在形如图册封面的标题图纸上。标题图纸需要自行设置。

5. 练习

【实操练习】　按照本任务教学内容进行练习，创建图纸并输出。

第二阶段

进 阶

　　第二阶段进阶包含 3 个模块，分别为模块 2.1 BIM 基础知识进阶、模块 2.2 Revit 建模准备进阶、模块 2.3 Revit 建模进阶。主要按照"1＋X"BIM 技能等级考试初级考评大纲的要求，通过经典案例（BIM 等级考试真题）的建模和参数化应用过程，介绍有关命令、功能和高级使用技巧，并对软件编程逻辑、可视化编程技术等 BIM 高级应用内容做简要介绍。

模块 2.1　BIM 基础知识进阶

模块 2.1 思政目标

通过对 BIM 发展历史的了解，引导学生对未来职业生涯的认识和思考；通过对 BIM 政策与标准、相关法律法规的了解，引导学生树立法治意识和守法意识，帮助学生强化建筑信息化思维模式、进一步提高信息素养。

任务 2.1.1　"1+X" BIM 技能等级考试简介

1. "1+X" BIM 技能等级初级知识点与技能点

（1）了解考试目的；

（2）考试性质；

（3）考试等级；

（4）考试内容及题型；

（5）报考条件；

（6）考核办法。

2. 考试目的

建筑信息模型（BIM）是指在建设工程及设施的规划、设计、施工以及运营维护阶段全寿命周期创建和管理建筑信息的过程，全过程应用三维、实时、动态的模型涵盖了几何信息、空间信息、地理信息、各种建筑组件的性质信息及工料信息。BIM 技术是传统的二维设计建造方式向三维数字化设计建造方式转变的革命性技术，是促进绿色建筑发展、提高建筑产业信息化水平、推进智慧城市建设和实现建筑业转型升级的基础性技术。

BIM 职业技能人员是指拥有使用各类建筑信息模型（BIM）软件，创建应用与管理适用于建设工程及设施规划、设计、施工及运维所需的三维数字模型的技术能力的人员统称。BIM 职业技能人员应是充分了解 BIM 相关的管理技术法规的知识与技能，综合素质较高的专业人才，既要具备一定的理论水平和建模基础，也要有一定的实践经验和组织管理能力。为了检验工程项目 BIM 从业人员的知识结构及能力是否达到以上要求，教育部、中国建设教育协会委托廊坊市中科建筑产业化创新研究中心，对建设工程项目 BIM 关键岗位的专业技术人员实行建筑信息模型（BIM）职业技能考评。

3. 考试性质

"1+X" 建筑信息模型（BIM）职业技能等级证书是由全国统一组织命题并进行考核。教育部职业技术教育中心研究所对 BIM 证书进行审批，发证机关是廊坊市中科建筑产业化创新研究中心。通过全国统一考试，成绩合格者，由廊坊市中科建筑产业化创新研究中心颁发统一印制的相应等级的《建筑信息模型（BIM）职业技能等级证书》。

考生除需要具备一定的识图和制图基础知识，还要掌握 BIM 基础知识，如掌握 BIM 的概念、特点。了解 BIM 的发展历史、现在和趋势，了解国内外的政策与标准，了解 BIM 软件体系及相关软件等知识。

4. 考试等级

见表 2.1.1-1。

5. 考试内容及试题类型

建筑信息模型（BIM）职业技能考评分为初级、中级、高级三个级别，分别为 BIM 建模、BIM 专业应用和 BIM 综合应用与管理。BIM 建模考评与 BIM 综合应用考评不区分专业。BIM 专业应用考评分为城乡规划与建筑设计类专业应用、结构工程类专业应用、

考试等级　　　　　　　　　　　　　　　　　　　表 2.1.1-1

等级	考核内容	针对院校级别	报考专业
初级	BIM 建模	中职	不限
中级	BIM 专业应用	高职	不限
高级	BIM 综合应用与管理	本科	不限

建筑设备类专业应用、建设工程管理类专业应用四种类型。考生在报名时根据工作需要和自身条件选择一个等级及专业进行考试。

6. 报考条件

针对初级，凡遵纪守法并符合下列条件之一者可申报本级别：中等专业院校及以上在校生；具有中等以上教育学历，在校经过培训的行业从业人员；从事 BIM 相关工作的行业从业人员。

针对中级，凡遵纪守法并符合下列条件之一者可申报本级别：高等职业院校在校生；已取得建筑信息模型（BIM）职业技能初级证书在校学生；具有 BIM 相关工作经验 1 年以上的行业从业人员。

针对高级，凡遵纪守法并符合下列条件之一者可申报本级别：本科及以上在校大学生；已取得建筑信息模型（BIM）职业技能中级证书人员；具有 BIM 相关工作经验 3 年以上的行业从业人员。

7. 考核办法

建筑信息模型（BIM）职业技能考核评价实行统一大纲、统一命题、统一组织考试的制度。考核分为理论知识和专业技能两个部分，初级、中级理论知识及技能均在计算机上考核，高级采取计算机考核与评审相结合。BIM 职业技能等级考试评价权重参照表 2.1.1-2。

BIM 职业技能等级考试评价内容权重表　　　　　　　　表 2.1.1-2

内容/级别	初级	中级	高级
理论知识	20%	20%	40%
专业技能	80%	80%	60%

8. "1＋X"建筑信息模型（BIM）职业技能等级证书考评大纲及样题

考试大纲及初级样题请加"1＋X"交流 QQ 群：786735312 来获取。

9. 练习

【单选题】（1）下列哪项不属于"1＋X"建筑信息模型（BIM）职业技能等级中级的报考条件（　　）。

A. 已取得建筑信息模型（BIM）职业技能初级证书在校学生

B. 高等职业院校及以上在校生

C. 具有 BIM 相关工作经验 1 年以上的行业从业人员

D. 从事 BIM 相关工作的行业从业人员

2.1.1

练习答案

(2)"1＋X"建筑信息模型（BIM）职业技能初级考核理论知识和专业技能的内容权重分别为（　　）。

A. 10％和 90％　　　　　　　　B. 20％和 80％

C. 30％和 70％　　　　　　　　D. 40％和 60％

(3)"1＋X"建筑信息模型（BIM）职业技能等级证书有（　　）个级别。

A. 1　　　　　　　B. 2　　　　　　　C. 3　　　　　　　D. 4

(4)"1＋X"建筑信息模型（BIM）职业技能等级证书的发证单位是（　　）。

A. 廊坊市中科建筑产业化创新研究中心

B. 教育部职业技术教育中心研究所

C. 住房和城乡建设部

D. 人力资源部

(5) BIM 模型涵盖了几何信息、空间信息、地理信息、（　　）及工料信息。

A. 三维信息　　　　　　　　　B. 动态信息

C. 各种建筑组件的性质信息　　D. 各种建筑组件的任意信息

任务 2.1.2 BIM 的发展

1. "1＋X"BIM 技能等级初级知识点与技能点

（1）了解 BIM 发展历史；

（2）了解 BIM 发展的现状；

（3）了解 BIM 发展的趋势。

2. BIM 发展历史

进入 21 世纪，随着计算机软硬件的不断发展，有效地推动了 BIM 技术的前进步伐，不论是 BIM 的应用还是 BIM 的研究都进入了一个飞速发展的时期。

BIM 在中国的起步算是比较晚的，2013 年成为世界 BIM 技术应用的分水岭，发达国家较为普及但市场开始退潮，在中国的市场开始火爆起来，到 2016 年共建立了约 30 个 BIM 联盟组织。

2015 年 6 月，中华人民共和国住房和城乡建设部印发了《关于推进建筑信息模型应用的指导意见的通知》，通知中提到，到 2020 年末，建筑甲级勘察、设计单位以及特一级房屋建筑工程施工企业应掌握并实现 BIM 与企业管理系统和其他信息技术的一体化集成作用。从此可以看出 BIM 技术已经成为支撑我国工程行业发展的重要技术之一。BIM 技术在中国的发展过程见表 2.1.2-1。

我国 BIM 发展过程 表 2.1.2-1

时间	BIM 发展过程	具体表现
2002～2005 年	BIM 概念导入时期	IFC 标准研究，BIM 概念引入
2006～2014 年	试点推广时期	BIM 技术、标准及软件研究，大型建设项目试用 BIM
2015～2016 年	快速发展及深度应用时期	大规模工程实践、BIM 标准制定、政策支持
2017～2018 年	不断提高时期	开设 BIM 大赛、装饰 BIM 被列入 BIM 等级考试
2019 年至今	产业融合时期	技术信息化、管理信息化

3. BIM 发展现状

BIM 发源自美国，随后欧洲、日本以及新加坡等发达国家及部分发展中国家也陆续成为研究 BIM 技术的一分子。

（1）美国（图 2.1.2-1）

美国最早启动建筑信息化研究，发展至今，在 BIM 应用与研究都走在世界前列。目前，在美国应用 BIM 技术的行业众多，相关行业协会总结 BIM 应用经验，推出多种 BIM 标准。从 2007～2009 年工程建设行业应用 BIM 技术增长 20 个百分点，到 2012 年增长了 40 多个百分点。

BIM 的身影在美国的建筑中应用范围广，如 2017 年年底建设完工的美国布朗大学。布朗大学在 2014 年建设之初，面临着许多专业问题的考验，一是项目建设团队遍布整个美国；二是危险气体的排放需要使用更加特殊的管道系统，对顶棚的要求也需要提高一个级别。BIM 将项目团队的每个人凝聚在一起，增加了交流互动的强度。研究调查显示，此项目在 BIM 的帮助下，时间上节约了 6 个月施工时间、工程造价方面节约了 2500 万美元。

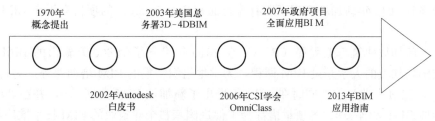

图 2.1.2-1　美国 BIM 发展历史

（2）英国

英国政府强制要求在建筑领域使用 BIM 技术，从 2009 年开始，英国政府要求逐步全面协同使用 BIM 技术，同时为保证各参与方的使用要求，政府将工作重点放在制定标准上。2011 年颁布了适用于英国建筑业的 BIM 标准，直到目前英国 BIM 标准委员会仍在努力制定适用于 BIM 应用的标准以及对已有标准的版本更新工作。

很多企业在应用 BIM 技术前期会有些让人费解，但事实上自应用了 BIM 技术，在节约成本，提高工作效率还有减少温室气体的排放等方面都有了显著的效果。据统计：使用 BIM 技术的人数从 2017 年到 2018 年增加了 10 个百分点，更可观的是大型公司（50 名以上员工）使用 BIM 的比例高达 78%，中型公司（16～50 名员工）使用 BIM 的比例高达 80%，小型公司（15 名以下员工）使用 BIM 的比例高达 66%。

（3）日本

2009 年是日本 BIM 元年，大量的日本设计公司、施工企业开始应用 BIM。2010 年，某项对日本 500 多家设计企业和施工企业进行的走访和调研的结果显示，对于 BIM 的认知程度从 2007 年的 30% 提高到 76%，2008 年到 2010 年的调研显示，采用 BIM 应用的主要原因是具有较好的视觉效果、提高工作效率等。

日本是一个软件业较发达的国家，在建筑信息技术方面拥有较多的国产软件。日本 BIM 相关软件厂商认识到，BIM 需要多个软件互相配合，但是数据集成是基本前提。因此，多家日本 BIM 软件厂商在 LAL（Leratiomal Alince of Lipepbilil，国际数据互用联盟）日本分会的支持下，以福井计算机株式会社为主导，成立了日本国国产解决方案软件联盟。此外，日本建筑学会于 2012 年 7 月发布了日本 BIM 指南，从 BIM 团队建设、BIM 数据处理、BIM 设计流程、应用 BIM 进行预算、模拟等方面为日本的设计院和施工企业应用 BIM 提供了指导。

目前，日本应用 BIM 技术建成的最为成功的大型工程是日本东京的新摩天大楼（日本邮政大厦）。此项目优化了传统的平面设计，应用 BIM 模型直接出图，利用 BIM 技术，便于检测系统中的管线碰撞，并可及时对其出现的碰撞问题提出解决方案；减少了隐藏于图纸中的管线冲突；有利于建立机电模型构件的施工标准；增强了施工图与数量表的一致性。

（4）新加坡

新加坡负责建筑业管理的国家机构是建筑管理署（Building and Construction Authority，BCA）。2011 年，BCA 发布了新加坡 BIM 发展路线规划，规划指出 2015 年之前，建筑行业广泛应用 BIM 技术。为了能实现这个目标，BCA 制定了相关策略。

2011 年，BCA 与政府部门合作确定示范项目标准，要求从 2013 年起，所有建筑工程项目强制提交建筑 BIM 模型；从 2014 年起，所有建筑工程项目强制提交结构与机电 BIM

模型，最终到 2015 年新加坡实现了所有建筑面积超过 $5000m^2$ 的项目需提交 BIM 模型的目标。

同时，新加坡建筑与工程局（BCA）在 2010 年设立了个 600 万新币的 BIM 基金项目，并鼓励新加坡的大学开设 BIM 课程，为学生组织密集的 BIM 培训课程，为行业专业人士设立了 BIM 专业学位。同时在 2012 年推出了新加坡 BIM 大纲 1.0，并在 2013 年发布了新加坡 BIM 大纲 2.0。各项举措都为了促进国家整个建筑业的 BIM 技术推广与应用。

（5）中国

BIM 进入中国市场以来，受到建筑行业的高度重视，目前在我国工程项目上的应用十分广泛。

我国的土木建筑产业要完全实现 BIM 技术的应用，除了学术界、行业及软件供应商共同努力，政府也着手开始制订产业目标及制订符合我国产业结构的 BIM 标准。

随着 BIM 技术在我国的逐步应用，我国对 BIM 的应用比较集中于设计阶段和施工阶段，随着建筑行业的发展，建设单位和运营单位对 BIM 的认识和了解也在不断地深入，一些大型房地产企业也在积极的探索并纷纷成立 BIM 技术研发团队，应用 BIM 可以改变项目参与方的协作方式，使每个人都能提高生产效率。在我国 BIM 应用还处于萌芽时期，还需要各方的共同努力。

针对设计企业和施工企业应用 BIM 主要因素的调查，设计企业和施工企业应用 BIM 的驱动因素见表 2.1.2-2。

设计企业和施工企业应用 BIM 的驱动因素 表 2.1.2-2

设 计 企 业	施 工 企 业
1. 标准化/法规	1. 提高质量/标准度
2. 成本/利润	2. 效率/便利性
3. 效率/便利性	3. 项目管理/系统整合
4. 提高 BIM 熟悉程度/应用率	4. 提高 BIM 熟悉程度/应用率
5. 项目管理/系统整合	5. 成本/利润

3. BIM 发展趋势

全球建筑业普遍认为 BIM 是未来趋势，将有非常大的发展空间，因此 BIM 的应用被业内专业人士认为是一片待开发的海洋。业内权威机构 Transparency Market Research（以下简称 TMR）预计 2022 年全球 BIM 市场规模将增长到 115.4 亿美元（2014 年时为 26 亿美元）。目前世界上最大的 BIM 市场在北美，但 2015～2022 年，亚太地区是增长最快的区域。TMR 还预测，2015～2022 年施工方会成为最主要的 BIM 用户，预估复合增长率为 22.7%。

由于土木工程专业类别众多，包括房屋建筑、工业厂房、市政、路桥、水利工程等，专业之间区别较大，建模技术标准不同，各专业想要真正的用好 BIM，还需要有自己专业的技术标准和 BIM 应用系统，因此让各专业拥有专业化非常强的 BIM 技术系统是未来的发展方向。

同时近年来国内超高层、超大跨度建筑等大型、复杂土木工程大量涌现，使中国成为世界上工程建设活动最多、最活跃的国家。我国行业计算机应用的前沿人士正在一起努力地挖掘着 BIM 的潜在价值，以使其更好地造福人类。

下面对 BIM 技术的未来发展趋势做简要概括。

（1）BIM 与通信

可以将监控设备和传感器放置在建筑物的任何一个地方，针对建筑物内部的温度、湿度、空气质量等进行检测，再加上供热信息、供水信息、通风情况和其他的控制信息，将这些信息通过无线传感器网络汇总后，传输至网络平台，工程师们可以通过这些数据对建筑物的现状有更加全面的了解，从而对设计方案和施工方案提供有效的决定依据。

基于 BIM 的运维管理与移动终端相结合，随着互联网和移动智能终端的大面积普及，工作人员可以在任何地方、任何时间获取信息，使空间信息与实时数据相结合，使空间信息与实时数据融为一体，管理人员可以通过 3D 平台更直观、更清晰地了解运维信息以及实时数据。

移动终端或者移动通信终端是指可以在移动过程中使用的计算机设备。随着网络和技术朝着越来越宽带化的方向发展，移动通信产业将步入真正的移动信息时代。

（2）BIM 与计算机技术

虚拟现实技术（VR）是一种三维环境模拟技术，集先进的计算机技术、传感与测量技术、仿真技术、微电子等技术为一体，可从视、听、触等三维感官环境，形成一种虚拟环境。

BIM 虚拟现实技术应用，可提高模拟工作中的可交互性。在虚拟的三维场景中，可以实时地切换不同的施工方案，在同一个观察点或同一个观察序列中感受不同的施工过程，有助于比较不同施工方案的优势与不足，避免在实际施工中可能出现的问题，确定最佳施工方案的同时，提高了工作效率、消除了安全隐患等。

VR 强大的虚拟现实技术，使 BIM 技术应用的效果加强，其中虚拟现实技术的集成应用主要有：虚拟场景构建、施工进度模拟、施工方案模拟、施工成本模拟、多维模型信息模拟以及交互场景漫游等。

云计算的优势将 BIM 应用转化为 BIM 云服务，BIM 技术与云计算集成应用不管是能耗分析还是结构分析，针对一些信息的处理和分析都需要利用云计算的强大计算能力。对于 BIM 应用中计算量大且复杂的工作可转移到云端，云计算使得 BIM 技术走出了办公室，用户可以在施工现场通过移动设备随时连接云服务，及时获取所需的 BIM 数据和服务。与此同时，云计算可以帮助设计师尽快地比较不同的设计和解决方案。

数字化捕捉，是 BIM 技术与数字化技术相结合，通过激光扫描，对桥梁、道路和铁路等进行扫描，获得早期数据，以方便项目团队的分析与未来施工。未来设计师可以在 3D 空间中使用这种沉浸式交互式的方式来进行工作，直观地展示产品，增强其可视性。

（3）BIM 与项目管理模式

BIM 与项目管理模式相结合，3D 模型成像作为建材浏览选择工具，有助于业主与设计者间的沟通，可以有效地减少项目中一些不必要的工程程序，极大地提高了工作的效率，降低了工作的成本。发挥 BIM 技术的优势，在设计、施工以及运行和维护等建筑全生命周期的各个阶段，使用 BIM 应用软件，可实现各参与方之间的信息共享。随着 BIM 技术的广泛应用，今后必将出现更多先进的 BIM 功能。

随着 BIM、装配式建筑等技术在行业内的应用以及向大数据、人工智能等方向发展，行业思维方式和行为方式将会发生改变。行业正处在"革命"之中。全球管理咨询公司麦肯锡的研究表明，过去 10 年，对建筑技术行业的投资翻了一番，因此，急需培养投身建筑工程技术及管理的专门人才。

---

4. 练习

【单选题】（1）下列哪个国家强制要求在建筑领域使用 BIM 技术（　　）。

A. 英国　　　　B. 中国　　　　C. 日本　　　　D. 新加坡

（2）与传统方式相比，BIM 在实施应用过程中是以（　　）为基础，来进行工程信息的分析、处理。

A. 设计施工图　　　　　　　　B. 结构计算模型

C. 各专业 BIM 模型　　　　　　D. 竣工图

2. 1. 2
练习答案

（3）下列哪个选项对我国未来 BIM 应用发展预测是错误的（　　）。

A. 未来会出现解决具体问题的个性化创新 BIM 软件、BIM 产品应用平台等组织。

B. 未来会出现 BIM 技术在全专业、全参建单位、全阶段的全方位应用。

C. 按照不同的信息管理需求，未来会出现 BIM 的专业化市场细分。

D. 未来多软件之间的信息和数据传递互用协调更加困难，发展更加专业。

（4）BIM 最早是从（　　）发展起来的，随后一些发达国家及部分发展中国家也陆续成为研究 BIM 技术的一分子。

A. 美国　　　B. 英国　　　C. 中国　　　D. 日本

（5）VR 强大的虚拟现实技术，使 BIM 技术应用的效果加强，其中虚拟现实技术的集成应用主要有：虚拟场景构建、施工进度模拟、施工方案模拟、施工成本模拟、多维模型信息模拟以及（　　）等。

A. 及时了解实时数据　　　　　B. 交互场景漫游

C. BIM 点云数据　　　　　　　D. BIM 全生命周期

任务 2.1.3　BIM 的特点

1. "1＋X" BIM 技能等级初级知识点与技能点

掌握 BIM 的特点与价值。

BIM 利用三维数字模拟将建筑工程中的信息集成，BIM 信息模型可以应用于建筑全寿命周期，因此 BIM 技术具有可视化、参数化、模拟性、协调性、优化性和完备性等。

1. 可视化

可视化是我们常说的"所见即所得"，从模拟出的三维模型中，可真实地呈现建筑构件、环境条件，还可以清楚地了解项目应用的设备设施、建筑材料的施工方案等信息。BIM 的可视化能够反映构件之间的互动性和反馈性，可以直观地反映建设效果，还可以生成报表，整个项目全寿命周期中所有的建筑活动，都处于可视化的状态。实践证明可视化是工程建设中的一项重要的内容。

2. 参数化

参数化建模指的是通过参数（变量）而不是数字建立和分析模型，简单地改变模型中的参数值就能建立和分析新的模型。

BIM 的参数化设计分为两个部分："参数化图元"和"参数化修改引擎"。

"参数化图元"指的是 BIM 中的图元是以构件的形式出现，而不再是单纯地使用点、线、面的绘图工具，这些构件之间的不同，是通过参数的调整反映出来的，参数保存了图元作为数字化建筑构件的所有信息。

"参数化修改引擎"指的是参数更改技术，对建筑设计或文档部分作的任何改动，都可以自动地在其他相关联的部分反映出来。

参数化设计的本质是在可变参数的作用下，系统能够自动维护所有的不变参数。

3. 模拟性

BIM 技术的模拟性不仅仅是体现在设计阶段的建筑模型，还可以对建筑环境等信息进行模拟，如节能模拟、紧急疏散模拟、日照模拟等。计算机可以按照要求自动完成分析过程，形成所需的分析结果，与人工相比较，可以缩短分析时间且保证质量。

在招标投标阶段，可以对重点和难点部位进行模拟，审视施工流程，优化施工方案，验证可施工性，从而提高施工的质量和效率。

在施工阶段，还包括进度和造价模拟、施工现场布置方案的核报等，其可以提高施工组织管理水平，降低成本。

在运维阶段，可以对日常紧急情况进行模拟，确定突遇紧急情况，如地震及火灾等特殊情况时人员逃生及疏散的线路等。

4. 协调性

协调是建设工程在工作过程中的重点内容，也就是解决在工作过程中，各专业项目信息出现的"不兼容"现象。工作中不仅各参与方内部需要协调、各参与方之间需要协调，还需要数据标准的协调和专业之间的协调。BIM 的协调性服务就可以帮助处理各专业间的碰撞问题，还可以解决整体进度规划的协调，利用 BIM 技术修改具有可记录性的特点，可以大大减少矛盾和冲突的产生。

基于 BIM 的协调性可以解决例如电梯井布置与其他设计布置及净空要求的协调、防火分区与其他设计布置的协调、地下排水布置与其他设计布置的协调等。

5. 优化性

整个工程建设过程是一个需要不断优化的过程，优化不是必须使用 BIM 技术，但在 BIM 技术的基础上可以更高效、更便捷进行优化。因为优化过程受到信息、复杂程度和时间三个要素的影响，而 BIM 技术能更好地提高信息量，包括几何信息、物理信息、规则信息等，将复杂问题简单化，同时能节省时间。尤其是现代建筑的复杂程度大多超过参与人员本身的能力极限，所以需要借助 BIM 技术解决。

没有完整、准确的信息，就不能做出判断并提出合理优化方案。BIM 模型不仅可以解决信息本身的问题，还具有自动关联功能、计算功能，可最大限度地缩短过程时间，支持有利于相关方自身需求方案的制定。目前基于 BIM 的优化可以做到以下几个方面的工作：

（1）项目方案优化：把项目设计和投资回报分析结合起来，设计变化对投资回报的影响可以实时计算出来；这样业主对设计方案的选择就不会主要停留在对形状的评价上，而更多地可以使得业主知道哪种项目设计方案更有利于自身的需求。

（2）特殊项目优化：如幕墙、裙楼、屋顶等一些可以看到的异形设计，虽然这些占整个项目的比例不大，但是占投资和工作量的比例却大得多，且施工难度和施工问题也比较多，对这部分内容进行优化可以带来比较显著的工期和成本的控制。

6. 完备性

信息完备性体现在 BIM 技术可对工程对象进行 3D 几何信息和拓扑关系的描述以及完整的工程信息描述。如对象名称、结构类型、建筑材料、工程性能等设计信息；施工工序、成本、进度、质量以及人、材、机资源的施工信息；信息的完备性使得 BIM 模型具有良好的条件，支持可视化、优化分析、模拟仿真等功能。

7. 可出图性

BIM 技术除了可以提供设计院常见的建筑平、立、剖及大样详图的输出图纸外，还可以通过在可视化、协调、模拟、优化过程中帮助业主提供综合管线图、综合结构留洞图、碰撞检查报告和改进方案等施工图纸。

8. 一体化

一体化指的是 BIM 技术可进行包括从设计到施工再到运营，贯穿工程项目的全生命周期的一体化管理。

在设计阶段，BIM 使建筑、结构、给水排水、空调、电气等各个专业基于同一个模型进行工作，将整个设计整合到一个共享的建筑信息模型中，结构与设备、设备与设备间的冲突会直观地显现出来，促进设计施工的一体化过程。

在施工阶段，BIM 可以同步提供有关建筑质量、进度以及成本的信息。利用 BIM 可以实现整个施工周期的可视化模拟与可视化管理。

在运营管理阶段，提高收益和成本管理水平，为开发商销售招商和业主购房提供了极大的便利。

这项技术已经清楚地表明其在协调方面、缩短设计与施工时间、显著降低成本、改善工作场所安全及提升建筑项目所带来的整体利益的作用。

9. 练习

【单选题】（1）BIM 的应用整合了建筑、结构、水暖、机电等各个专业于同一个模型进行工作，贯穿建筑工程项目全生命周期的各个阶段，能使建筑师、施工人员及业主全面了解项目提供准确可靠的信息。这体现了 BIM 技术（　　）的特点。

A. 可视化　　　　B. 一体化　　　　C. 参数化　　　　D. 仿真性

（2）下列（　　）不属于 BIM 的特点。

A. 可视化　　　　B. 参数化　　　　C. 协调性　　　　D. 分析性

（3）（　　）是指通过参数代替原来的数字与分析模型，通过改变模型中的参数值就能建立和分析新的模型。

A. 一体化　　　　B. 参数化　　　　C. 协调性　　　　D. 可视化

2.1.3
练习答案

（4）信息的（　　）使得 BIM 模型具有良好的条件，支持可视化、优化分析、模拟仿真等功能。

A. 完备性　　　B. 图档集成性　　C. 模拟性　　　D. 优化性

（5）三维可视化施工应力应变动态监测是属于 BIM 技术在（　　）中的应用。

A. 三维设计　　B. 协调设计　　C. 深化设计　　D. 节能分析

任务 2.1.4　BIM 政策与标准

1. "1＋X" BIM 技能等级初级知识点与技能点

(1) 了解国外 BIM 政策、标准；

(2) 了解国内 BIM 政策、标准及相关法律法规；

(3) 详细了解 BIM 模型表达深度国际通用标准（LOD）；

(4) 详细了解国内 BIM 模型建模精度相关标准。

BIM 技术在全球迅速发展，各国都在大力推广使用 BIM 技术。在 BIM 技术发展过程中，各国都制定了相关的政策，用来推动 BIM 技术的发展。但是，政策比较宏观，操作性不强，只有建立一套完整、可行的 BIM 标准才能使政策落实。一直以来，缺乏统一的 BIM 标准是制约 BIM 在我国建筑行业应用与发展的主要障碍。

目前，世界各国都制定了相应的 BIM 标准，发展情况有所不同。虽然 BIM 技术在我国的时间不长，但近年来已相继出台了部分 BIM 国家标准，基本形成了 BIM 标准体系。BIM 技术在我国各地的发展也不同步，一些地区发展较快，率先制定了地方 BIM 标准，用来指导当地的 BIM 技术应用。许多企业和项目，结合自身特点，也建立了自己的企业和项目标准。各级标准的建立，为 BIM 技术的发展提供了保障，发挥了巨大作用。

因此学习 BIM 政策与标准，能够拓宽我们的视野，了解 BIM 技术的应用现状和发展趋势。

2. 国外 BIM 政策

国外部分国家 BIM 政策见表 2.1.4-1。

国外部分国家 BIM 政策

表 2.1.4-1

国家	政策措施摘要
美国	2006 年,美国陆军工程兵团(USACE)发布了为期 15 年的 BIM 发展路线规划,承诺未来所有军事建筑项目都将使用 BIM 技术;美国建筑科学研究院(BSA)下属的美国国家 BIM 标准研究与制定,目前 BIM 标准已发布第三版,正准备出版第四版。美国总务署 3DBIM 和 4DBIM 计划并推行至今,超过 80%建筑项目已经开始应用 BIM
俄罗斯	2017 年 5 月,俄罗斯政府建筑合同开始增加包含应用 BIM 技术的条款;到 2019 年,俄罗斯要求政府工程中的参建方采用 BIM 技术
韩国	韩国政府于 2016 年前实现了全部公共工程的 BIM 应用
英国	政府一直强制要求使用 BIM 技术,2016 年前企业实现 3DBIM 的全面协同
新加坡	建筑管理署要求所有政府施工项目必须使用 BIM 模型;在 BIM 技术传承和教育方面,建筑管理署鼓励大学开设 BIM 相关课程
日本	建筑信息技术软件产业成立国家级国产解决方案软件联盟;日本建筑学会积极发布日本 BIM 从业指南,对 BIM 从业者进行全方位的指导

3. 国外 BIM 标准

BIM 技术源自美国，美国在 BIM 相关标准的制定方面具有一定的先进性。在 2004 年，美国就开始以 IFC 标准为基础编制国家 BIM 标准；2007 年，美国发布了第一版国家 BIM 标准的第 1 部分——NBIMS（National Building Information Model Standard Version1 Partl）。2012 年 5 月，美国第二版国家 BIM 标准（National Building Information

Modeling Standard Version2）正式发布，对第一版中的 BIM 参考标准、信息交换标准指南和应用进行了大量补充和修订。此后，美国又发布了第三版 NBIMS 标准，在第二版的基础上增加了模块内容，引入了二维 CAD 美国国家标准，并在内容上进行了扩展，包括信息交换、参考标准、标准实践部分的案例和词汇表/术语表。第三版有一个创新之处，即美国国家 BIM 标准项目委员会增加了介绍性的陈述和导视，增强了标准的可达性和可读性。

由于英国强制执行 BIM 技术，因此英国 BIM 标准的发展较为迅速。英国在 2009 年正式发布了《ACE（UK）BIM Standard》系列标准，此标准主要包括项目执行标准、协同工作标准、模型标准、二维出图标准和参考标准五个部分。该标准有一些不足之处，即面对的应用对象仅仅是设计方，不适用于施工方和业主方。之后，英国政府又分别于 2011 年 6 月和 2011 年 9 月发布了基于 Revit 和 Bentley 平台的 BIM 标准。目前，英国建筑业 BIM 标准委员会 AEC 一直在致力于编制适用其他软件的 BIM 标准，如 ArchiACD、Vectorworks 等。

日本国建筑学会（Japanese Institute of Architects，JIA）在 2012 年 7 月，正式发布了《JIA BIM Guideline》，该标准包括了技术标准、业务标准、管理标准三个模块。该标准对企业的组织机构、人员配置、BIM 技术应用、模型规则、交付标准、质量控制等都起到了详细的指导作用。

韩国对 BIM 技术标准的制定工作十分重视，多家政府机构致力于 BIM 应用标准的制定，如韩国国土海洋部、韩国公共采购服务中心、韩国教育科学技术部等。韩国于 2010 年发布了《Architectural BIM Guideline of Korea》用来指导业主、施工方、设计师对于 BIM 技术的具体实施。该标准主要分为四部分：业务指南、技术指南、管理指南和应用指南。

4. 国内 BIM 政策

2011 年，中华人民共和国住房和城乡建设部（以下简称住建部）发布了《2011—2015 年建筑业信息化发展纲要》，第一次将 BIM 纳入信息化标准建设内容；2013 年，住建部推出了《关于印发推进建筑信息模型应用指导意见的通知》；2016 年，住建部发布了《2016—2020 年建筑业信息化发展纲要》，BIM 成为"十三五"建筑业重点推广的五大信息技术之首；2017 年，国家和地方加大 BIM 政策与标准落地，《建筑业十项新技术（2017 年版）》将 BIM 列为信息技术之首。在住建部政策的引导下，我国各地区也在加快推进 BIM 技术在本地区的发展与应用。北京、上海、广东、福建、湖南、山东、广西等地陆续出台 BIM 相关技术标准和应用指导意见，从中央到地方全力推广 BIM 在我国的发展，国内 BIM 政策一览表见表 2.1.4-2。

（部分国家及地区政策）BIM 政策一览表　　　　表 2.1.4-2

序号	发布单位	文件发布时间	文件名称	政策要点
1	国务院	2017 年 2 月	《关于促进建筑业持续健康发展的意见》	加快推进建筑信息模型 BIM 技术在规划、勘察、设计、施工和运营维护全过程中的集成应用
2	交通运输部	2017 年 2 月	《推进智慧交通发展行动计划（2017—2020 年）》	到 2020 年，在基础设施智能化方面，推进建筑信息模型 BIM 技术在重大交通基础设施项目规划、设计、建设、施工、运营、检测和维护管理全生命周期中的应用

序号	发布单位	文件发布时间	文件名称	政策要点
2	交通运输部	2018年3月	《关于推进公路水运工程BIM技术应用的指导意见》	围绕BIM技术发展和行业发展的需要，有序推进公路水运工程BIM技术的应用，在条件成熟的领域和专业中优先应用BIM技术，逐步实现BIM技术在公路水运工程中的广泛应用
3	住房和城乡建设部	2011年5月	《2011—2015年建筑业信息化发展纲要》	"十二五"期间，基本实现建筑企业信息系统的普及应用，加快建筑信息模型(BIM)、基于网络的协同工作等新技术在工程中的应用，推动信息化标准建设，促进具有自主知识产权软件的产业化，形成一批信息技术应用达到国际先进水平的建筑企业
		2014年7月	《关于加快建筑业改革与发展的若干意见》	推进建筑信息模型(BIM)等信息技术在工程设计、施工和运行维护全过程中的应用，提高综合效益，推广建筑工程减、隔震技术，探索开展白图代替蓝图、数字化审图等工作
		2015年6月	《关于推进建筑信息模型应用的指导意见》	到2020年末，建筑行业甲级勘察、设计单位以及特级、一级房屋建筑工程施工企业应掌握并实现BIM与企业管理系统和其他信息技术的一体化集成应用。到2020年末，以下新立项项目的勘察设计、施工、运营维护中，集成应用BIM的项目比率达到90%；以国有资金投资为主的大中型建筑，申报绿色建筑的公共建筑和绿色生态示范小区
		2017年3月	《"十三五"装配式建筑行动方案》	建立适合BIM技术应用的装配式建筑工程管理模式，推进BIM技术在装配式建筑规划、勘察、设计、生产、施工、装修、运行维护全过程中的集成应用
		2017年3月	《建筑工程设计信息模型交付标准》	面向BIM信息的交付准备、交付过程、交付成果作出规定，提出了建筑信息模型工程设计的四级模型单元
		2017年5月	《建设项目工程总承包管理规范》	采用BIM技术或者装配式技术的，招标文件中应当有明确要求；建设单位对承诺采用BIM技术或装配式技术的投标人应当适当设置加分条件
		2017年5月	《建筑信息模型施工应用标准》	从深化设计、施工模拟、预制加工、进度管理、预算与成本管理、质量与安全管理、施工监理、竣工验收等方面，提出建筑信息模型的创建、使用和管理要求
		2017年8月	《住房城乡建设科技创新"十三五"专项规划》	发展智慧建造技术，普及和深化BIM应用，建立基于BIM的运营与监测平台，发展施工机器人、智能施工装备、3D打印施工装备，促进建筑产业提质增效
			《工程造价事业发展"十三五"规划》	大力推进BIM技术在工程造价事业中的应用
		2017年9月	《建设项目工程总承包费用项目组成(征求意见稿)》	明确规定BIM费用属于系统集成费，这意味着国家工程费用中明确BIM费用的出处

序号	发布单位	文件发布时间	文件名称	政策要点
3	住房和城乡建设部	2018 年 5 月	《城市轨道交通工程 BIM 应用指南》	城市轨道交通应结合实际制定 BIM 发展规划，建立全生命技术标准与管理体系，开展示范应用，逐步普及推广，推动各参建方共享多维 BIM 信息、实施工程管理
		2019 年 3 月	《关于推进全过程工程咨询服务发展的指导意见》	大力开发和利用建筑信息模型（BIM）、大数据、物联网等现代信息技术和资源，努力提高信息化管理与应用水平，为开展全过程工程咨询业务提供保障
4	北京市	2014 年 5 月	《民用建筑信息模型设计标准》	提出 BIM 的资源要求、模型深度要求、交付要求是在 BIM 的实施过程规范民用建筑 BIM 设计的基本内容。该标准于 2014 年 9 月 1 日起正式实施
		2017 年 7 月	《北京市建筑信息模型（BIM）应用示范工程的通知》	确定"北京市朝阳区 CBD 核心区 Z15 地块项目（中国尊大厦）"等 22 个项目为 2017 年北京市建筑信息模型（BIM）应用示范工程立项项目
		2017 年 11 月	《北京市建筑施工总承包企业及注册建造师市场行为信用评价管理办法》	BIM 在信用评价中加 3 分
		2018 年 5 月	《北京市住房和城乡建设委员会关于加强建筑信息模型应用示范工程管理的通知》	示范工程需提交实施总结报告，包括示范工程 BIM 技术的相关背景创新点、技术指标等总体情况，主要难点及解决措施，具体应用思路、过程和方法，取得的效果，综合分析 BIM 应用的成效示范价值、经验体会、推广前景等
		2018 年 6 月	《北京市住房和城乡建设委员会关于开展建设工程质量管理标准化工作的指导意见》	全面普及 BIM 技术，充分利用 BIM 技术强化工程建设预控管理
5	广东省	2014 年 9 月	《关于开展建筑信息模型 BIM 技术推广应用工作的通知》	到 2014 年底，启动 10 项以上 BIM 技术推广项目建设；到 2015 年底，基本建立广东省 BIM 技术推广应用的标准体系及技术共享平台；到 2016 年底，政府投资的 2 万 m² 以上的大型公共建筑，以及申报绿色建筑项目的设计施工应当采用 BIM 技术，省优良样板工程、省新技术示范工程、省优秀勘察设计项目在设计、施工、运营管理等环节普遍应用 BIM 技术；到 2020 年底，全省建筑面积 2 万 m² 及以上的工程普遍应用 BIM 技术
		2015 年 5 月	《深圳市建筑工务署政府公共工程 BIM 应用实施纲要》《深圳市建筑工务署 BIM 实施管理标准》	从国家战略需求、智慧城市建设需求、市建筑工务署自身发展需求等方面，论证了 BIM 在政府工程项目中实施的必要性，并提出了 BIM 应用实施的主要内容是 BIM 应用实施标准建设、BIM 应用管理平台建设、基于 BIM 的信息化基础建设、政府工程信息安全保障建设等。实施纲要中还提出了市建筑工务署 BIM 应用的阶段性目标：至 2017 年，实现在其所负责的工程项目建设和管理中全面开展 BIM 应用，并使市建筑工务署的 BIM 技术应用达到国内外先进水平

序号	发布单位	文件发布时间	文件名称	政策要点
5	广东省	2017年1月	《关于加快推进我市建筑信息模型（BIM）应用的意见》	到2020年,形成完善的建设工程BIM应用配套政策和技术支撑体系。我市建设行业甲级勘察设计单位以及特、一级房屋建筑和市政公用工程施工总承包企业掌握BIM,政府投资和国有资金投资为主的大型房屋建筑和市政基础设计项目在勘察、设计、施工和运营维护中普遍应用BIM
6	上海市	2014年10月	《关于在本市推进建筑信息模型技术应用的指导意见》	通过分阶段、分步骤推进BIM技术试点和推广应用,至2016年底,基本形成满足BIM技术应用的配套政策、标准和市场环境,上海市施工、咨询服务和物业管理等单位普遍具备BIM技术应用能力。到2017年,上海市规模以上政府投资工程全部应用BIM技术,规模以上社会投资工程普遍应用BIM技术,应用和管理水平走在全国前列
		2015年6月	《上海市建筑信息模型技术应用指南（2015版）》	指导上海市建设、设计、施工、运营和咨询等单位在政府投资工程中开展BIM技术应用,实现BIM应用的统一和可检验;作为BIM应用方案制定、项目招标、合同签订、项目管理等工作的参考依据
		2017年4月	《关于进一步加强上海市建筑信息模型技术推广应用的通知》	土地出让环节:将BIM技术应用相关管理要求纳入国有建设用地出让合同。规划审批环节:在规划设计方案审批或建设工程规划许可环节,运用BIM模型进行辅助审批。报建环节:对建设单位填报的有关BIM技术应用信息进行审核
		2017年6月	《上海市建筑信息模型技术应用指南（2017版）》	上海市住建委组织对《上海市建筑信息模型技术应用指南（2015版）》进行了修订,深化和细化了相关应用项和应用内容
		2017年7月	《上海市住房发展"十三五"规划》	建立健全推广建筑信息模型（BIM）技术应用的整个标准体系,推进考核机制,创建国内领先的BIM技术综合应用示范城市
		2018年5月	《上海市保障性住房项目BIM技术应用验收评审标准》	规定了上海市保障性住房项目BIM技术应用项以及BIM技术应用报告的组成及不同部分的分值
7	广西壮族自治区	2017年2月	《建筑工程建筑信息模型施工应用标准》	提出了建筑施工信息模型BIM应用的基本要求,可作为BIM应用及相关标准研究和编制的依据
		2017年4月	《关于印发推进建筑信息模型应用指导意见的通知》	在全区房屋建筑、市政基础设施工程建设和运营维护中开展BIM技术应用试点申报工作

5. 国内 BIM 标准

国家级 BIM 标准不断推进的同时，地方也针对 BIM 技术应用出台了部分相关标准，同时还出台了一些分项领域的标准，如门窗、幕墙等行业制定相关 BIM 标准及规范，有些企业还制定了自己企业内部的 BIM 技术实施细则。

我国在 BIM 技术的研究从 2000 年左右开始，在此前对 IFC 标准有了一定研究。"十一五"期间，我国出台了《建筑业信息化关键技术研究与应用》，将重大科技项目中 BIM 的应用作为研究重点。2007 年，中国建筑标准设计研究院参与编制了《建筑对象数字化定义》JG/T 198—2007。2009—2010 年，清华大学、Autodesk 公司、国家住宅工程中心等联合开展了"中国 BIM 标准框架研究"工作，同时参与了欧盟的合作项目。2010 年，我国参考 NBIMS，提出了中国建筑信息模型标准框架（China Building Information Model Standards，CBIMS），该模型分为三大部分。"十二五"至今，我国各界对 BIM 技术的推广力度越来越大。

住建部于 2012 年和 2013 年共发布 6 项 BIM 国家标准制定项目。6 项标准包括 BIM 技术的统一标准 1 项、基础标准 2 项和执行标准 3 项。目前，我国已颁布 1 项统一标准、1 项基础标准和 2 项执行标准：2016 年 12 月颁布《建筑信息模型应用统一标准》GB/T 51212—2016，2017 年 7 月 1 日起实施，这是我国第一部建筑信息模型（BIM）应用的工程建设标准；2017 年 5 月颁布《建筑信息模型施工应用标准》GB/T 51235—2017，这是我国第一部建筑工程施工领域的 BIM 应用标准，2018 年 1 月 1 日起实施；2017 年 10 月 25 日颁布《建筑信息模型分类和编码标准》GB/T 51269—2017，2018 年 5 月 1 日起实施；2018 年 12 月 26 日颁布《建筑信息模型设计交付标准》GB/T 51301—2018，2019 年 6 月 1 日起实施。此外，2 项 BIM 国家标准正在编制当中，其中基础标准 1 项——《建筑信息模型存储标准》，执行标准 1 项——《制造工业工程设计信息模型应用标准》。目前国内 BIM 重要标准参考表 2.1.4-3。

国内 BIM 重要标准参考表   表 2.1.4-3

序号	发布单位	实施时间	标准编号及名称
1	住房和城乡建设部	2017 年 7 月 1 日	《建筑信息模型应用统一标准》 GB/T 51212—2016
2	住房和城乡建设部	2018 年 1 月 1 日	《建筑信息模型施工应用标准》 GB/T 51235—2017
3	住房和城乡建设部	2018 年 5 月 1 日	《建筑信息模型分类和编码标准》 GB/T 51269—2017
4	住房和城乡建设部	2019 年 6 月 1 日	《建筑信息模型设计交付标准》 GB/T 51301—2018

BIM 是建设项目与功能特性的数字表示方法，为了满足不同阶段工程的表达要求，因此 BIM 信息模型也应该有不同深度的表达，我们称之为模型深度等级（Level of Detail，LOD）。国际上通常用 LOD100—LOD500，5 个等级来表达 BIM 信息模型的不同深度。

1）LOD100 用来表达项目级模型单元，属于 1.0 级模型精细度。通常表达为概念化方案阶段的模型深度。在模型中，模型组件用符号和一般性图形表达。此级别模型用于承载项目、子项目或局部建筑信息。

2）LOD200 用来表达功能级模型单元，属于 2.0 级模型精细度。通常表达初级阶段的模型深度。在模型中，以图形方式表达，并具有大致的数量、大小、形状和位置。

3）LOD300 用来表达构建级模型单元，属于 3.0 级模型精细度。通常表达施工图阶段的模型深度。在模型中，以图形方式表达，并具有精确的数量、大小、形状和位置。

4）LOD400 用来表达零件级模型单元，属于 4.0 级模型精细度。通常表达施工阶段的模型深度。在模型中，以图形方式表达特定的对象或者组件，并具有精确的数量、大小、形状和位置，还有详图、制造、组合及安装信息。

5）LOD500 与 LOD400 在模型深度上是一致的，LOD500 侧重于运营交付。模型组件经过现场验证，可准确表达大小、形状和位置。

《建筑信息模型设计交付标准》GB/T 51301—2018 从 2019 年 6 月起正式实行，该标准对模型深度等级、模型单元的基本分级、几何表达精度等级和信息深度等级等进行了详细地划分和表达，详见表 2.1.4-4～表 2.1.4-7。

GB/T 51301—2018 LOD 的规定 表 2.1.4-4

等级	表达代号	英文名称	最小模型单元
1.0 级模型精细度	LOD 1.0	Level of Model Definition 1.0	项目级模型单元
2.0 级模型精细度	LOD 2.0	Level of Model Definition 2.0	功能级模型单元
3.0 级模型精细度	LOD 3.0	Level of Model Definition 3.0	构件级模型单元
4.0 级模型精细度	LOD 4.0	Level of Model Definition 4.0	零件级模型单元

6. 其他各专业相关规范

BIM 的实施同样需满足工程建设领域中的各专业相关规范，其中强制性条文必须严格执行，并且规范版本应为现行版本。各专业主要规范见表 2.1.4-8～表 2.1.4-12。

GB/T 51301—2018 模型单元的基本分级 表 2.1.4-5

模型单元分级	模型单元用途
项目级模型单元	项目、子项目或局部建筑信息
功能级模型单元	完整功能的模块或空间信息
构件级模型单元	单一的构配件或产品信息
零件级模型单元	从属于构配件或产品的组成零件或安装零件信息

GB/T 51301—2018 几何表达精度等级的划分 表 2.1.4-6

等级	表达代号	英文名称	几何表达精度要求
1 级几何表达精度	G1	Level 1 of Geometric Detail	满足二维化或者符号化识别需求的几何表达精度
2 级几何表达精度	G2	Level 2 of Geometric Detail	满足空间占位、主要颜色等精细识别需求的几何表达精度
3 级几何表达精度	G3	Level 3 of Geometric Detail	满足建造安装流程、采购等精细识别需求的几何表达精度
4 级几何表达精度	G4	Level 4 of Geometric Detail	满足高精度渲染展示、产品管理、制造加工准备等高精度识别需求的几何表达精度

GB/T 51301—2018 信息深度等级的划分 表 2.1.4-7

等级	表达代号	英文名称	几何表达精度要求
1级信息深度	N1	Level 1 of Informationg Detail	包含模型单元的身份描述、项目信息、组织角色等信息
2级信息深度	N2	Level 2 of Informationg Detail	包含和补充 N1 等级信息，增加实体系统关系、组成及材质，性能或属性等信息
3级信息深度	N3	Level 3 of Informationg Detail	包含和补充 N2 等级信息，增加生产信息、安装信息
4级信息深度	N4	Level 4 of Informationg Detail	包含和补充 N3 等级信息，增加资产信息和维护信息

建筑专业常见规范 表 2.1.4-8

标 准 名 称	标 准 编 号
《城市居住区规划设计标准》	GB 50180—2018
《民用建筑设计统一标准》	GB 50352—2019
《建筑设计防火规范(2018 年版)》	GB 50016—2014
《住宅建筑规范》	GB 50368—2005
《住宅设计规范》	GB 50096—2011
《夏热冬冷地区居住建筑节能设计标准》	JGJ 134—2010
《公共建筑节能设计标准》	GB 50189—2015
《无障碍设计规范》	GB 50763—2012
《车库建筑设计规范》	JGJ 100—2015

结构专业常见规范 表 2.1.4-9

标 准 名 称	标 准 编 号
《建筑结构可靠性设计统一标准》	GB 50068—2018
《建筑结构荷载规范》	GB 50009—2012
《混凝土结构设计规范(2015 年版)》	GB 50010—2010
《高层建筑混凝土结构技术规程》	JGJ 3—2010
《建筑地基基础设计规范》	GB 50007—2011
《装配式混凝土结构技术规程》	JGJ 1—2014

给排水专业常见规范 表 2.1.4-10

标 准 名 称	标 准 编 号
《埋地塑料排水管道工程技术规程》	CJJ 143—2010
《塑料排水检查井应用技术规程》	CJJ/T 209—2013
《建筑给水复合管道工程技术规程》	CJJ/T 155—2011
《建筑给水塑料管道工程技术规范》	CJJ/T 98—2014
《建筑排水塑料管道工程技术规程》	CJJ/T 29—2010
《建筑给水排水设计标准》	GB 50015—2019
《民用建筑节水设计标准》	GB 50555—2010

电气专业常见规范 表2.1.4-11

标 准 名 称	标 准 编 号
《建筑设计防火规范(2018年版)》	GB 50016—2014
《建筑照明设计标准》	GB 50034—2013
《供配电系统设计规范》	GB 50052—2009
《20kV及以下变电所设计规范》	GB 50053—2013
《低压配电设计规范》	GB 50054—2011
《通用用电设备配电设计规范》	GB 50055—2011
《汽车库、修车库、停车场设计防火规范》	GB 50067—2014

暖通专业常见规范 表2.1.4-12

标 准 名 称	标 准 编 号
《民用建筑供暖通风与空气调节设计规范》	GB 50736—2012
《建筑防烟排烟系统技术标准》	GB 51251—2017
《民用建筑热工设计规范》	GB 50176—2016
《公共建筑节能设计标准》	GB 50189—2015
《全国民用建筑工程设计技术措施暖通空调动力(2009年版)》	—
《通风与空调工程施工规范》	GB 50738—2011
《通风与空调工程施工质量验收规范》	GB 50234—2016

7. 练习

【单选题】 (1) 国务院于2017年2月颁布了( )。

A. 《2011—2015年建筑业信息化发展纲要》

B. 《建筑信息模型施工应用标准》GB/T 51235—2017

C. 《关于推进全过程工程咨询服务发展的指导意见》

D. 《关于促进建筑业持续健康发展的意见》

2.1.4
练习答案

(2) 《建筑信息模型应用统一标准》GB/T 51212—2016是由( ) 于2017年7月发布。

A. 社会保障部 B. 城乡建设部

C. 住房和城乡建设部 D. 国务院

(3) 建筑工程信息模型精细度由建模精度和( )组成。

A. 信息粒度 B. 模型存储空间大小

C. 构件种类 D. 参数维度

(4) BIM应用软件该具备以下4个特征,即面向对象、( )、包含其他信息和支持开放式标准。

A. 基于二维图纸 B. 基于三维几何图形

C. 基于四维进度模型 D. 基于五维成本模型

(5) 2015年6月,住建部《关于推进建筑信息模型应用的指导意见》中明确规定:到( ),建筑行业甲级勘察、设计单位以及特级、一级房屋建筑工程施工企业应掌握并实现BIM与企业管理系统和其他信息技术的一体化集成应用。

A. 2016年 B. 2020年 C. 2025年 D. 2030年

任务 2.1.5 企业级 BIM 建模标准

1. "1＋X" BIM 技能等级初级知识点与技能点

了解企业级 BIM 建模标准一般共性规定。

需要应用 BIM 技术的企业，为了提高 BIM 建模效率与 BIM 模型质量，往往会根据自身需求，制定本企业的 BIM 建模统一标准。不同企业间制定 BIM 建模标准规定虽有不同，但是大同小异，其中一些共性的标准规定可以总结归纳如下。

2. 建模工作分工与模型拆分原则

BIM 建模这项工作一般需要多人协同进行。多人协同就需要进行分工，即根据工程项目实际情况，将预定建成的 BIM 模型拆分成若干个组成部分，然后分配给不同的人同时进行，最后再将各组成部分合成一个完整的 BIM 模型。一些共性的模型拆分原则见表2.1.5-1。

3. 模型深度与内容

企业级 BIM 模型深度与内容的标准规定更直观，一般按照设计、施工、竣工验收的不同阶段进行划分，具体见表2.1.5-2。

模型拆分原则   表 2.1.5-1

序号	模型一次拆分原则(按专业)	模型二次拆分原则	备注
1	建筑与结构	按分区	二次拆分视工程项目复杂程度,选取其中1项或多项原则进行
		按楼层	
		按施工缝	
		按构件类型	
2	幕墙	按分区	
		按建筑立面	
3	机电设备	按分区	
		按楼层	
		按系统	
		按子系统	

模型深度与内容   表 2.1.5-2

实施阶段	模型深度等级	对应国际标准	对应国内标准	模型内容
方案设计或可行性研究阶段	方案设计模型	与 LOD100 相当	1.0级模型精细度	(1)场地:地理区位、水文地质、气候条件等。 (2)主要技术经济指标:建筑总面积、占地面积、建筑层数、建筑高度、建筑等级、容积率等。 (3)建筑类别与等级:防火类别、防火等级、人防类别等级、防水防潮等级等
初步设计阶段	初设模型	与 LOD200 相当	2.0级模型精细度	(1)增加主要建筑构件材料信息。 (2)增加建筑功能和工艺等特殊要求:声学、建筑防护等。 (3)模型几何仅限基本形状、大概尺寸、大概方位等

实施阶段	模型深度等级	对应国际标准	对应国内标准	模型内容
施工图设计阶段	施工图模型	与LOD300相当	3.0级模型精细度	(1)增加主要建筑构件技术参数和性能(防火、防护、保温等)。 (2)增加主要建筑构件材质等。 (3)增加特殊建筑造型和必要的建筑构造信息。 (4)模型几何确定为精确形状、精确尺寸、精确方位等
施工阶段	施工深化模型	与LOD400相当	4.0级模型精细度	(1)修改主要建筑设备选型,主要构件和设备实际实施过程:施工信息、安装信息等。 (2)修改主要建筑构件施工或安装要求。 (3)增加主要装修装饰做法信息,主要构件和设备产品信息:材料参数、技术参数、生产厂家、出厂编号等。 (4)增加大型构件采购信息:供应商、计量单位、数量(如表面积、个数等)、采购价格等。 (5)模型几何确定为实际形状、实际尺寸、实际方位等;构件实际类型和实际材质信息等
竣工验收阶段和运维阶段	竣工模型	与LOD500相当	4.0级模型精细度	(1)增加主要构件和设备的运营管理信息:设备编号、资产属性、管理单位、权属单位等。 (2)增加主要构件和设备的维护保养信息:维护周期、维护方法、维护单位、保修期、使用寿命等。 (3)增加主要构件和设备的文档存放信息:使用手册、说明手册、维护资料等。 (4)模型几何确定为实际形状、实际尺寸、实际方位等;构件实际类型和实际材质信息等

4. 标高与轴网

标高单位统一为"米"(m);单项工程若采用相对标高,各单项工程±0.000m对应的绝对标高必须统一;楼层标高要么统一采用建筑标高,要么统一采用结构标高。

轴网单位统一使用"毫米"(mm);模型虽然因分工进行了拆分,但是必须使用统一的轴网体系,一般是固定在项目样板文件之中,若项目总体模型采用相对坐标,则统一将项目总轴网某处垂直相交轴网设置为原点(0,0,0),项目原点与真实原点的映射关系以及夹角信息记录在模型的项目信息中。

5. 命名规则范式

命名规则方面,虽然各企业相差较大,但是仍然可以总结归纳出一个具有相当共性的范式出来。

(1)构件命名规则:关键词按顺序一般包含"单项工程编号或简称""楼层号/分区号/系统编号或简称/子系统编号或简称""构件简称""编号"或"其他关键信息"等,关键词之间用下划线"_"或短横杠线"-"连接。如"1♯楼_3F_KL1_250*600"即表示1号楼第3层楼盖的截面尺寸为250mm×600mm的框架梁KL1。

(2)钢筋命名规则:关键词按顺序一般包含"钢筋简称""钢筋等级和直径"等,关键词之间用下划线"_"或短横杠线"-"连接。如"Z_C18"即表示等级HRB400、直径 18mm 的纵向钢筋。

（3）混凝土材质命名一般即为混凝土名称。如"现场浇筑混凝土 C40"即表示强度等级 C40 的混凝土。

6. 颜色区分

由于机电管网系统和子系统较多，构成复杂，为了减少错误发生概率，方便碰撞检查和管网优化，提升建筑品质，BIM 建模时需要对机电管网用不同颜色加以区分。虽然，各企业对机电管网系统和子系统的命名、颜色的规定不尽相同，但是有一点是一致的，就是通过精确的 RGB 参数数值的方式设置各系统和子系统的颜色，这样有利于统一不同项目间的颜色设置标准。见表 2.1.5-3。

空调系统名称代码及颜色设置　　　　　　　　表 2.1.5-3

名称及代码	颜色代码（RGB）	颜色
空调-送风（SAD）	102-255-255	蓝色
空调-回风（RAD）	191-000-255	紫色
空调-排风（EAD）	255-255-000	黄色
空调-新风（FAD）	000-255-000	绿色

7. 练习

【判断题】

（1）BIM 模型不能按照专业进行拆分。（　　）

（2）BIM 结构模型可以根据施工缝进行拆分。（　　）

（3）施工阶段 BIM 模型可以是基本形状、大概尺寸、大概方位。（　　）

（4）BIM 模型轴网单位统一使用"米"（m）。（　　）

（5）机电管网系统和子系统的颜色设置不需要使用精确的 RGB 参数数值的方式。（　　）

2.1.5
练习答案

模块 2.2 　Revit 建模准备进阶

通过 BIM 建模前准备工作进阶内容的学习和练习，强化学生事前做充分准备的习惯和标准规范意识。

任务 2.2.1　Revit 环境设置进阶

本任务教学视频主要讲述如何利用"R"菜单里"选项"对话框进行项目样板快捷按钮设置和命令快捷键查询与设置，以及与临时隐藏不同的隐藏（"在视图中隐藏"）功能，以满足使用者实现更高效建模的 Revit 环境设置需求。本任务还总结了建模过程中常见的图元不可见的四种可能性。

1. "1＋X" BIM 技能等级初级知识点与技能点

掌握高级 BIM 建模软件环境设置。

2. 教学视频

2.2.1-1　软件界面
与环境设置进阶之一：
项目样板快捷按钮设置

2.2.1-2　软件界面
与环境设置进阶之二：
视图控制栏常用功能

2.2.1-3　软件界面
与环境设置进阶之三：
命令快捷键查询与设置

3. 使用逻辑、技巧与参数化技术应用点总结

（1）使用逻辑

1）Revit 快捷键与 AutoCAD 相比，特点是至少要输入两个按键，且最后不需要按空格键或回车键就能运行。

2）Revit 中无论因临时隐藏、隐藏或"可见性/图形替换"中相应选项没有被勾选而在视图中不可见的图元，都能被视图控制栏中的"显示隐藏的图元"功能显示，如图

图 2.2.1-1　显示隐藏的图元

2.2.1-1 所示。区别是临时隐藏的图元显示亮红色，隐藏或"可见性/图形替换"中相应选项没有被勾选的图元显示亮绿色。临时隐藏与隐藏的区别还在于，在当前项目被关闭后再重新打开，临时隐藏（快捷键"HH"）的图元会恢复到正常显示状态即临时隐藏状态自动取消，而隐藏的图元则不会。

（2）使用技巧

1）"快速访问工具栏"无法正常显示的解决办法。"快速访问工具栏"默认处于整个软件界面的左上方，若无法正常显示，可以通过点击该工具栏右侧的下拉菜单，再点击"在功能区下方显示"按钮，如图 2.2.1-2 所示，即可解决此问题。此时，该工具栏会出

现在上部功能区的下方。

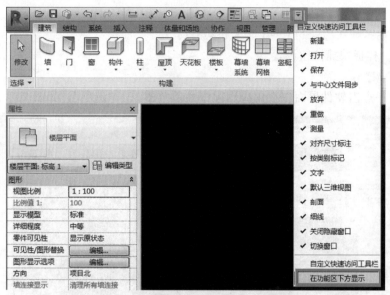

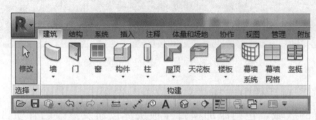

图 2.2.1-2　"快速访问工具栏"在功能区下方显示

2）双击工具栏灰色空白区域可以快速切换工具栏样式，如图 2.2.1-3 所示。

图 2.2.1-3　工具栏灰色空白区域

3）将 Revit 常用命令的快捷键所使用的键盘按键选择在左手控制的键盘区域，在左手键盘右手鼠标的操作模式下会令操作速度更快。

4）造成图元不可见的四种可能：临时隐藏；隐藏；"可见性/图形替换"中相应选项没有被勾选；不在当前视图的视图范围内。详见下方教学视频。

（3）参数化技术应用点

2.2.1-4　图元不可见的四种可能之一：临时隐藏和隐藏

2.2.1-5　图元不可见的四种可能之二：图形可见性

2.2.1-6　图元不可见的四种可能之三：视图范围

1）参数化控制的快捷方式（快速新建项目与命令快捷键）。

2）参数化图元隐藏功能。

4. 视频中第一次出现的 Revit 命令和功能简介

（1）项目样板快捷按钮设置

【操作步骤】

1）按顺序点击软件界面左上角应用程序菜单"R"—"选项"，如图 2.2.1-4 所示。

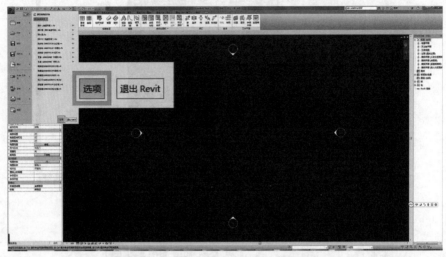

图 2.2.1-4　程序菜单"R"中的"选项"按钮

2）在弹出的"选项"对话框中选择"文件位置"选项卡，此时对话框上部即为进行项目样板快捷按钮设置的区域，包括添加项目样板快捷按钮及修改已有项目样板快捷按钮的名称和关联的样板文件，如图 2.2.1-5 所示。

图 2.2.1-5　"选项"对话框中"文件位置"选项卡

3）点击""按钮，然后在弹出的"浏览样板文件"对话框中选择所需样板文件即可添加新的项目样板快捷按钮，如图 2.2.1-6 所示。

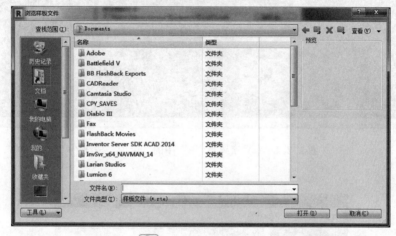

图 2.2.1-6　""按钮和"浏览样板文件"对话框

4）点击"名称"这一列中任意已有项目样板快捷按钮的名称即可修改该名称，如图 2.2.1-7 所示；

5）单击"路径"这一列任意一行，该行最右侧会出现一个按钮""，如图 2.2.1-8 所示。点击该按钮就会弹出的"浏览样板文件"对话框，此时即可为该项目样板快捷按钮选择新的样板文件进行关联。

图 2.2.1-7　修改项目样板快捷按钮的名称

图 2.2.1-8　按钮 ""

（2）命令快捷键查询与设置

【操作步骤】

1）按顺序点击软件界面左上角应用程序菜单"R"—"选项"，如图 2.2.1-9 所示。

2）在弹出的"选项"对话框中选择"用户界面"选项卡，然后点击"快捷键"右侧的"自定义"按钮，如图 2.2.1-10 所示。

图 2.2.1-9 程序菜单 "R" 中的 "选项" 按钮

图 2.2.1-10 快捷键 "自定义" 按钮

3）在弹出的 "快捷键" 对话框中 "指定" 区域，可以查询所有命令的快捷键；也可以在该区域选中某个命令后，再在 "按新键" 右侧区域输入快捷键来修改该命令原有的快捷键或添加快捷键，如图 2.2.1-11 所示。修改或添加快捷键要注意不能与已有的快捷键重复。

图 2.2.1-11　"快捷键"对话框

（3）隐藏（图 2.2.1-12）

图 2.2.1-12　"在视图中隐藏"功能

【操作步骤】

1）先选中要隐藏的图元。

2）单击鼠标右键。

3）在弹出的菜单中，将光标移动到"在视图中隐藏"位置。

4）在弹出的第二层菜单中选择"图元"即可隐藏选中的图元。第二层菜单中"图元"为仅仅隐藏选中的图元；"类别"为隐藏与选中图元同一类别的所有图元；"按过滤器"则是按照过滤器对图元进行隐藏。

5. 练习

【实操练习】

（1）按照本任务教学内容进行练习。

（2）按照自己的使用习惯创建或修改常用命令的快捷键，构成快捷键的按键要求处于左手控制的键盘区域。

【单选题】

（1）打开"可见性/图形替换"对话框的快捷键是（　　　）。

A. VC＋空格键　　　　　　B. VV＋回车键

C. VC　　　　　　　　　　D. VV

（2）下列（　　　）描述是错误的。

A. 临时隐藏的图元，能被视图控制栏中的"显示隐藏的图元"功能显示，且显示亮红色

B. 隐藏的图元，能被视图控制栏中的"显示隐藏的图元"功能显示，且显示亮绿色

C. "可见性/图形替换"中相应选项没有被勾选而在视图中不可见的图元，不能被视图控制栏中的"显示隐藏的图元"功能显示

D. "可见性/图形替换"中相应选项没有被勾选而在视图中不可见的图元，能被视图控制栏中的"显示隐藏的图元"功能显示，且显示亮绿色

模块 2.3 Revit 建模进阶

模块 2.3 思政目标

通过 BIM 建模进阶内容的学习和练习，向学生弘扬"循序渐进、持之以恒、开拓创新"的工匠精神，强化学生参数化建模的思维模式。

任务 2.3.1 复杂标高和轴网绘制

本任务主要讲述在不同标高显示不同样式轴网，以及用"多段网格"命令绘制弧线等复杂形状轴线。

1. "1+X" BIM 技能等级初级知识点与技能点

掌握标高、轴网高级创建方法。

案例一（不同标高显示不同轴网）：某建筑共 50 层，其中首层地面标高为 ±0.000，首层层高为 6.0m，第 2～4 层层高为 4.8m，第 5 层及以上均层高 4.2m。请按要求建立项目标高，并建立每个标高的楼层平面视图。并且，按照图 2.3.1-1 和图 2.3.1-2 所示平面图中的轴网要求绘制项目轴网。创建完成后以"姓名+学号或准考证号+标高轴网"为文件名保存样板。

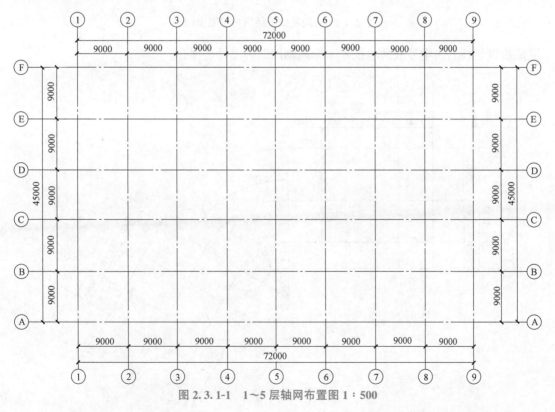

图 2.3.1-1 1～5 层轴网布置图 1：500

案例二（曲线轴网）：根据图 2.3.1-3 和图 2.3.1-4 给定数据创建标高和轴网。创建

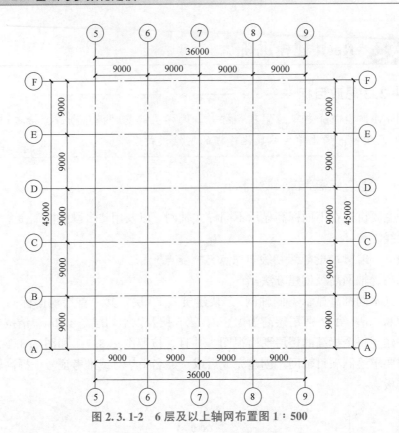

图 2.3.1-2　6 层及以上轴网布置图 1：500

完成后以"姓名＋学号或准考证号＋标高轴网"为文件名保存。

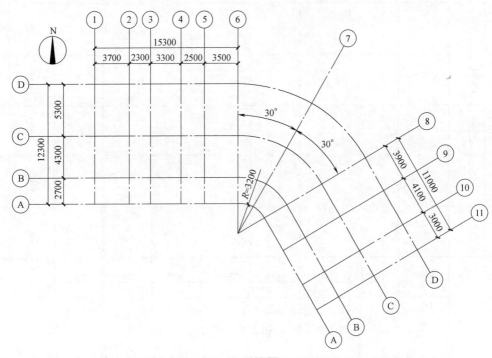

图 2.3.1-3　平面图 1：300

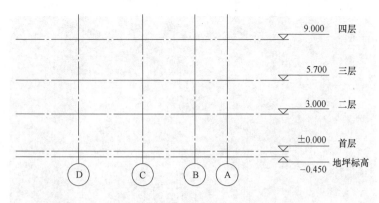

图 2.3.1-4　西立面 1∶300

2. 教学视频

2.3.1-1　案例一（不同　　　　2.3.1-2　案例二　　　　2.3.1-3　案例二
标高显示不同轴网）　　　　　（曲线轴网之一）　　　　　（曲线轴网之二）

3. 使用逻辑、技巧与参数化技术应用点总结

（1）使用逻辑

1）想要在某标高范围内不显示某轴线，只要在任一立面视图中将轴线拖动到对应的标高范围之外即可。

2）具备"3D/2D"控件参数的图元均可配合"影响范围"功能实现在不同视图呈现不同的状态效果。

3）所有绘制图元的命令中都有"拾取线"这一绘制工具和"偏移量"这一参数设置，两者配合可以十分方便地绘制复杂的平行线。

（2）参数化技术应用点

1）利用轴线的"3D/2D"控件参数和"影响范围"功能控制同一轴线在不同平面视图呈现不同的状态效果。

2）平行的曲线轴网，只需要绘制出其中一条轴线，使用"拾取线"这一绘制工具，通过"偏移量"参数设置，可以十分快捷地绘制出剩下的曲线轴线。

4. 视频中第一次出现的 Revit 命令和功能简介

（1）在楼层平面显示部分轴网

【操作步骤】

1）分别解锁 1～4 轴与其他轴之间的关联，并将轴线拖动到标高 5 和标高 6 之间，如图 2.3.1-5 和图 2.3.1-6 所示。

2）1～5 楼层平面轴网显示如图 2.3.1-7 所示，6～50 楼层平面轴网显示如图 2.3.1-8 所示。

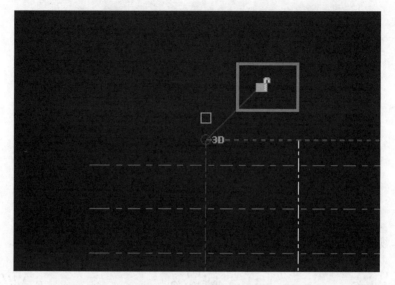

图 2.3.1-5 解锁轴线

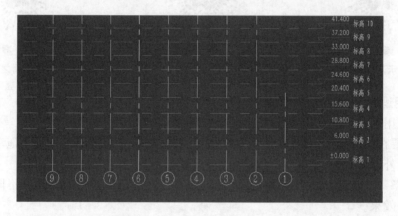

图 2.3.1-6 拖动轴线到标高 6 下

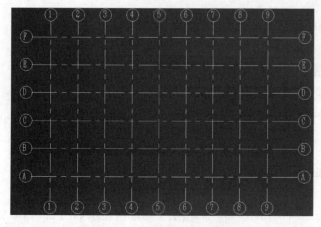

图 2.3.1-7 1～5楼层平面轴网

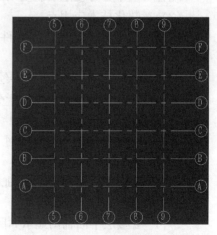

图 2.3.1-8 6～50楼层平面轴网

（2）2D 模式下修改轴网

【操作步骤】

将视图转到"楼层平面：标高 6"中，分别点击 A～F 轴端部的 3D 模式改为 2D 模式，并将轴拖动到合适的位置，如图 2.3.1-9 所示。

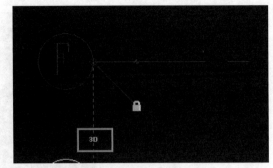

（3）轴线影响范围

【操作步骤】

选中"楼层平面：标高 6"中修改好的 A～F 轴，并点击"修改/轴网"中的"影响范围"，选择"楼层平面：标高 7"到"楼层平面：标高 51"，点击确定，如图 2.3.1-10 和图 2.3.1-11 所示。

图 2.3.1-9　3D/2D 转化按钮

图 2.3.1-10　轴线影响范围命令

（4）多段网格

【操作步骤】

选择"轴网—多段网格"，按要求绘制轴线，点击"√"完成，如图 2.3.1-12、图 2.3.1-13 所示。

图 2.3.1-11　勾选轴线影响范围

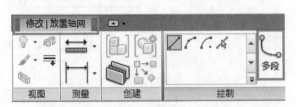

图 2.3.1-12　多段网格命令

5. 练习

【实操练习】

（1）按照本任务教学内容进行练习。

（2）根据图 2.3.1-14 所示绘制标高轴网。该建筑共 3 层，首层地面标高±0.000m，层高 3m，要求两侧标头都显示，将轴网颜色设置为红色并进行尺寸标注。以"姓名＋学号或准考证号＋轴网"命名保存。

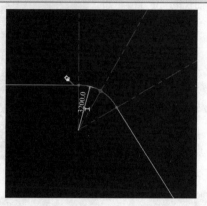

图 2.3.1-13 多段轴线绘制路径

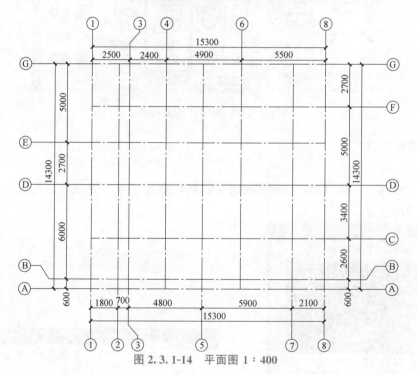

图 2.3.1-14 平面图 1：400

任务 2.3.2　复杂屋面绘制

本任务教学视频主要讲述复杂屋顶和楼板中定义坡度的方法，以及老虎窗的绘制方法。

1. "1+X" BIM 技能等级初级知识点与技能点

掌握复杂屋面创建方法。

案例一（复杂斜坡屋面）：根据图 2.3.2-1 给定的尺寸，创建屋顶模型，屋顶族类型采用"常规—125mm"，屋顶坡度 30°。模型以"姓名＋学号或准考证号＋屋顶"为文件名保存。

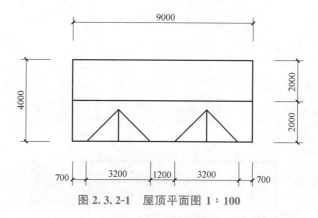

图 2.3.2-1　屋顶平面图 1：100

案例二（老虎窗）：在案例一绘制的坡屋顶基础上，将局部突出的两个坡屋面用拉伸半圆屋面（半径为 1m）代替，并在相应位置开老虎窗。

案例三（带老虎窗的复杂斜坡屋面）：建立如图 2.3.2-2 所示屋顶模型，以"姓名＋学号或准考证号＋老虎窗坡屋面"命名保存。屋顶类型："常规—125mm"。

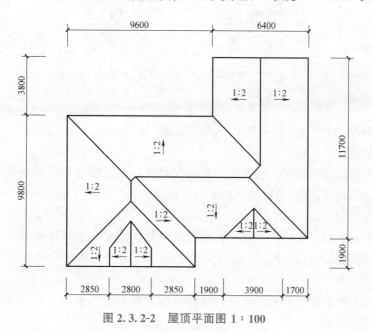

图 2.3.2-2　屋顶平面图 1：100

案例四（卫生间楼板找坡）：根据图2.3.2-3～图2.3.2-5创建卫生间楼板，顶部标高0.000m，构造层保持不变，水泥砂浆层放坡，并创建作为地漏的洞口，最后以"姓名＋学号或准考证号＋卫生间楼板"为文件名保存。

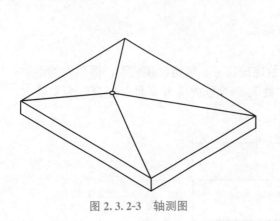

图2.3.2-3 轴测图

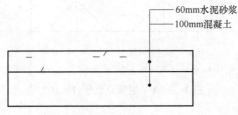

图2.3.2-4 平面图1∶30

图2.3.2-5 详图大样1∶30

2. 教学视频

2.3.2-1 案例一
（复杂斜坡屋面）

2.3.2-2 案例二
（老虎窗）

2.3.2-3 案例三（带老
虎窗的复杂斜坡屋面）

2.3.2-4 案例四
（卫生间楼板找坡）

3. 使用逻辑、技巧与参数化技术应用点总结

（1）使用技巧

1）如果是新建迹线屋面，可以在绘制迹线时直接定义坡度和绘制坡度箭头，如果是修改已有迹线屋面的构造，可以选中屋面双击或者点击"模式"选项卡中"编辑迹线"命令进入迹线编辑状态，如图2.3.2-6所示。

2）坡度箭头绘制完成后，可以在属性面板中的"指定"选择尾高或坡度的形式来定义起坡构造。特别强调，在使用坡度箭头命令前，一定要先将相应位置迹线的定义坡度勾掉。

3）拉伸屋顶的操作要注意正确选择屋顶轮廓的绘制工作平面，需要在与该工作平面的垂直视图中去选择。

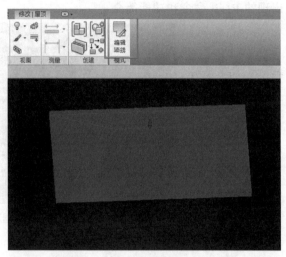

图 2.3.2-6 屋面编辑迹线命令

4）老虎窗的操作中，连接迹线屋顶和拉伸屋顶前先将拉伸屋顶与迹线屋顶相交，在开老虎窗时选择屋顶或墙体相交的内侧边缘线。

5）设置或解除受彼此等分约束命令可以均分两个及两个以上的对齐尺寸标注，但需要注意的是，尺寸标注必须是用对齐标注连续标注的，如果是一个个分开标注的尺寸是无法启用该命令的。

（2）参数化技术应用点

1）屋顶轮廓线的"定义屋顶坡度"和"坡度"这两个参数，以及坡度箭头的"指定"和"坡度"这两个参数，是用来绘制构造形式较为复杂的结构找坡斜屋面的关键参数，在编辑迹线状态中使用。

2）板编辑中"添加点"功能配合"修改点的高程"参数，可实现复杂的建筑找坡，前提是板的"结构"编辑对话框中找坡层的"可变"参数被勾选，如图 2.3.2-7 所示。

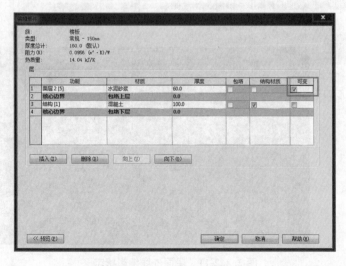

图 2.3.2-7 勾选"可变"参数

4. 视频中第一次出现的 Revit 命令和功能简介

（1）定义屋面坡度

【操作步骤】

1）绘制屋面迹线，选择需要定义坡度的迹线，如图 2.3.2-8 所示。

2）在"修改/编辑迹线"选项卡中将"定义坡度"的勾去掉，如图 2.3.2-9 所示。

3）点击"√"，完成操作，如图 2.3.2-10 所示。

（2）坡度箭头

图 2.3.2-8　选择屋面迹线

图 2.3.2-9　定义坡度命令

图 2.3.2-10　完成命令

【操作步骤】

1）选择迹线屋面，双击屋面进入编辑迹线状态，如图 2.3.2-11 所示。

2）按照题目标注在屋面迹线左侧绘制参照平面，如图 2.3.2-12 所示。

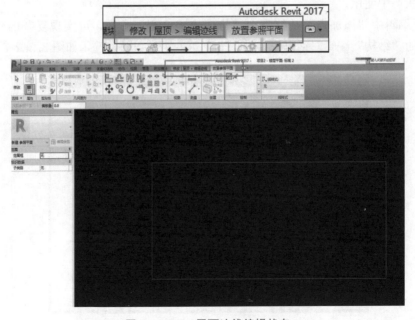

图 2.3.2-11　屋面迹线编辑状态

3）点击"修改"选项卡中"拆分图元"命令，在图示位置进行拆分，如图 2.3.2-13 和图 2.3.2-14 所示。

图 2.3.2-12　绘制参照平面

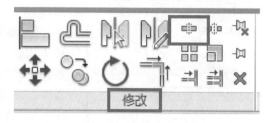

图 2.3.2-13　拆分图元命令

4）将高亮显示的两段迹线的"定义坡度"勾掉，如图 2.3.2-15 所示。

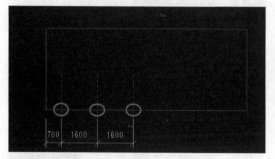

图 2.3.2-14　拆分位置选择

图 2.3.2-15　选择屋面迹线

5）点击"绘图"选项卡的"坡度箭头"命令，如图示方向绘制坡度箭头，如图 2.3.2-16、图 2.3.2-17 所示。

图 2.3.2-16　坡度箭头命令

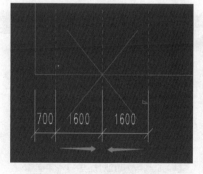

图 2.3.2-17　绘制坡度箭头

6）选中绘制的两个坡度箭头，将"属性"面板中"指定"改为"坡度"，坡度设置为 30°，如图 2.3.2-18 所示。

7）用上述方法绘制右侧坡度箭头并修改属性，绘制完成后点击"√"完成。

图 2.3.2-18 修改坡度

（3）绘制拉伸屋面

【操作步骤】

1）在楼层平面绘制拉伸屋顶的参照平面，如图 2.3.2-19 所示。

2）选择建筑→屋顶→拉伸屋顶，如图 2.3.2-20 所示。

3）选择拾取一个平面，点击确定，然后选择坡屋顶的下边线，选择"立面：南"，打开视图，屋顶参照标高和偏移选择"标高2"、偏移"0.0"，如图 2.3.2-21～图 2.3.2-23 所示。

4）选择"修改/创建拉伸屋顶轮廓"选项卡的"圆心-端点弧"，在图 2.3.2-24 所示位置绘制半径为 1000mm 的半圆弧，点击"√"完成。

图 2.3.2-19 绘制参照平面

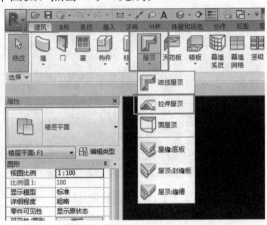

图 2.3.2-20 拉伸屋顶命令

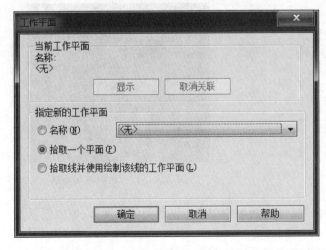

图 2.3.2-21 拾取工作平面

图 2.3.2-22 选择南立面视图

图 2.3.2-23　选择屋面参照标高和偏移

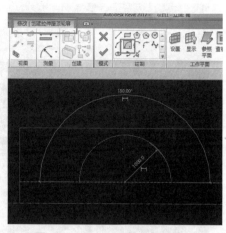

图 2.3.2-24　创建拉伸屋面轮廓

5）选择圆弧拉伸屋顶拖动右侧拉伸箭头，使拉伸屋顶与坡屋顶相交，点击"修改/屋顶"选项卡中的"连接/取消连接屋顶"，先后选择拉伸屋顶和坡屋顶的轮廓线，将两个屋顶连接，如图 2.3.2-25～图 2.3.2-28 所示。

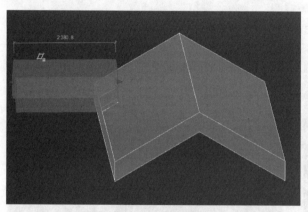

图 2.3.2-25　选择拉伸屋顶

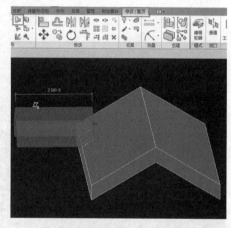

图 2.3.2-26　连接/取消连接屋顶命令

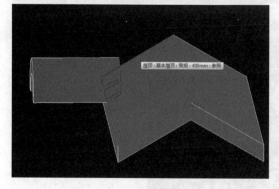

图 2.3.2-27　选择屋顶轮廓线

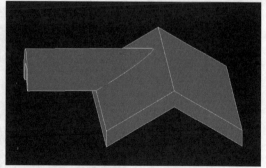

图 2.3.2-28　屋顶连接后效果

6）选择"修改"选项卡中的"对齐"命令，将屋面对齐，如图 2.3.2-29 所示。

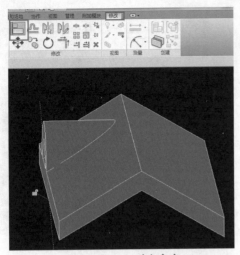

图 2.3.2-29　对齐命令

（4）绘制老虎窗

【操作步骤】

1）选择"建筑"中"洞口"选项卡中的"老虎窗"命令，如图 2.3.2-30 所示。

2）选择需要开窗的屋顶，进入编辑状态，选择"修改/编辑草图"选项卡中的"拾取屋顶/墙边缘"，依次拾取拉伸屋面及坡屋面的轮廓线，选择"修改"选项卡中的"修改/延伸为角"命令连接屋顶轮廓线，点击完成"√"，如图 2.3.2-31～图 2.3.2-33 所示。

3）按上述操作，完成右侧老虎窗的绘制。

（5）设置或解除受彼此等分约束

图 2.3.2-30　老虎窗命令

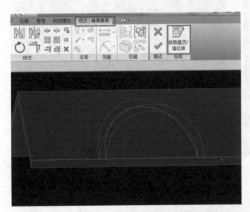

图 2.3.2-31　"拾取屋顶/墙边缘"命令

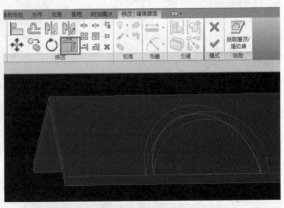

图 2.3.2-32　"修改/延伸为角"命令

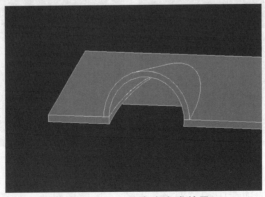

图 2.3.2-33　老虎窗完成效果

【操作步骤】

1）点击"注释"，选择"尺寸标注"选项卡中的"对齐标注"，连续标注参照平面，如图 2.3.2-34 所示。

2）选中尺寸标注，点击标注上方的"EQ"，如图 2.3.2-35 所示。

（6）修改子图元、添加点

【操作步骤】

1）选中楼板，编辑类型，勾选构造的面层中的"可变"，如图 2.3.2-36 所示。

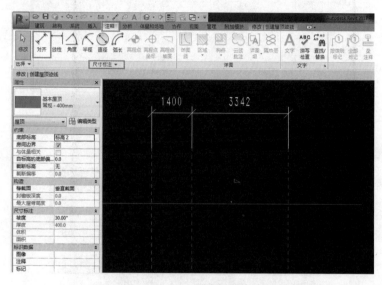

图 2.3.2-34　对齐标注命令

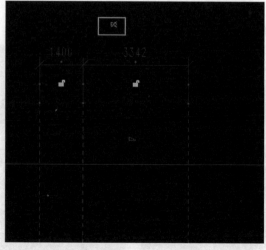

图 2.3.2-35　EQ 命令

2）选中楼板，点击"修改/楼板"选项卡中的"修改子图元"，如图 2.3.2-37 所示。

3）点击"添加点"，在洞口圆心处添加一点，如图 2.3.2-38 所示。

4）修改点的数值为−20，如图 2.3.2-39 所示。

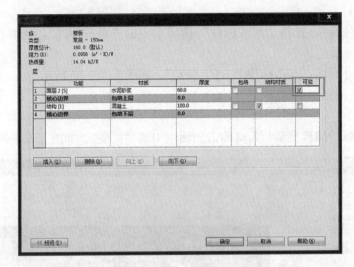

图 2.3.2-36　勾选"可变"参数

图 2.3.2-37　修改子图元命令

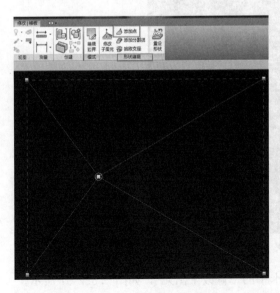

图 2.3.2-38　"添加点"命令

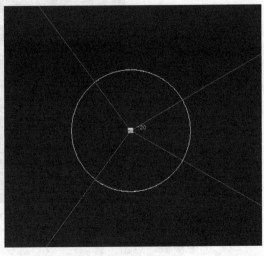

图 2.3.2-39　修改添加点的高度数值

5. 练习

【实操练习】

（1）按照本任务教学内容进行练习。

（2）根据图 2.3.2-40 绘制屋面，完成后将文件以"姓名＋学号或准考证号＋屋面"命名保存。

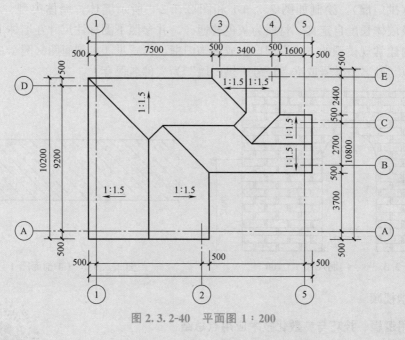

图 2.3.2-40 平面图 1：200

任务 2.3.3 复杂墙体绘制

本任务教学视频主要讲述复杂墙体的绘制以及内建模型的创建方法。

1. "1＋X"BIM 技能等级初级知识点与技能点

掌握复杂墙体和内建模型的创建方法。

案例（拱门墙）：绘制如图 2.3.3-1 和图 2.3.3-2 所示墙体，墙体类型、墙体高度、墙体厚度及墙体长度自定义，材质为灰色普通砖，并参照下图标注尺寸在墙体上开一个拱门洞。以内建常规模型的方式沿洞口生成装饰门框，样式见 1-1 剖面图（图 2.3.3-2）。创建完成后以"姓名＋学号或准考证号＋拱门墙"为文件名保存。

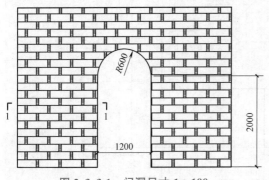

图 2.3.3-1　门洞尺寸 1∶100

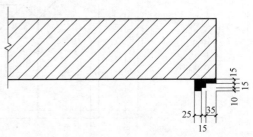

图 2.3.3-2　1-1 剖面图 1∶50

2. 教学视频

3. 使用逻辑、技巧与参数化技术应用点总结

（1）使用逻辑

无论是楼板、屋顶还是墙体这类面图元，都有轮廓编辑功能，轮廓最终都要求形成一个单一闭合图形或多个不相交的闭合图形。

2.3.3　拱门墙

（2）使用技巧

进入墙体轮廓的编辑状态，可以通过双击墙体进入，也可以选中墙体，点击"修改/墙"面板里"编辑轮廓"进入。

4. 视频中第一次出现的 Revit 命令和功能简介

（1）编辑墙轮廓

【操作步骤】

1）绘制墙体，双击墙体或者选中墙体点击"修改/墙"面板中"编辑轮廓"，进入墙体轮廓编辑界面，如图 2.3.3-3 所示。

2）按题目要求修改墙体轮廓，如图 2.3.3-4 所示。

3）勾选"√"完成。

（2）内建模型

【操作步骤】

1）选择建筑面板下的内建模型，选择族类别为常规模型，如图 2.3.3-5 和图 2.3.3-6 所示。

2）选择"创建"选项卡中的"放样"命令，如图 2.3.3-7 所示。

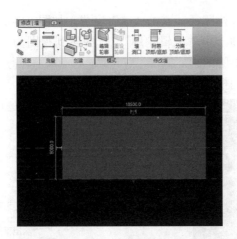

图 2.3.3-3　编辑轮廓命令

图 2.3.3-4　修改墙体轮廓

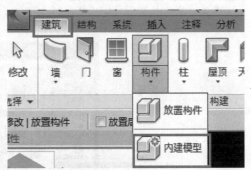

图 2.3.3-5　内建模型命令

3）选择视图为"立面：北"，点击"拾取路径"，如图 2.3.3-8 所示。

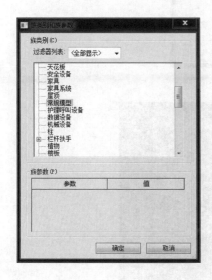

图 2.3.3-6　选择族类别为常规模型

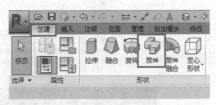

图 2.3.3-7　放样命令

图 2.3.3-8　拾取路径命令

4）点击门洞轮廓为放样路径，点击"√"完成，如图2.3.3-9所示。

5）点击"放样"选项卡中"编辑轮廓"，选择转到视图为"楼层平面：标高1"，如图2.3.3-10～图2.3.3-11所示。

6）按题目要求绘制门框轮廓，如图2.3.3-12所示。

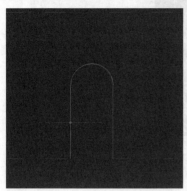

图2.3.3-9　拾取门洞轮廓

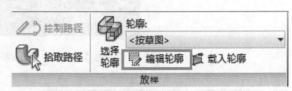

图2.3.3-10　编辑轮廓命令

图2.3.3-11　转到标高1楼层平面视图

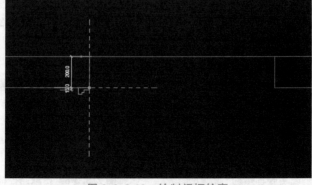

图2.3.3-12　绘制门框轮廓

7）点击两次"√"，最后点击"完成模型"，如图 2.3.3-13 所示。

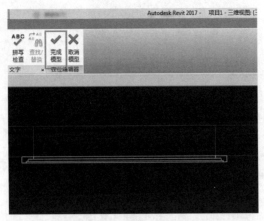

图 2.3.3-13　点击"完成模型"

5. 练习

【实操练习】

（1）按照本任务教学内容进行练习。

（2）根据图 2.3.3-14～图 2.3.3-16 创建墙体与幕墙，墙体构造与幕墙竖梃连续方

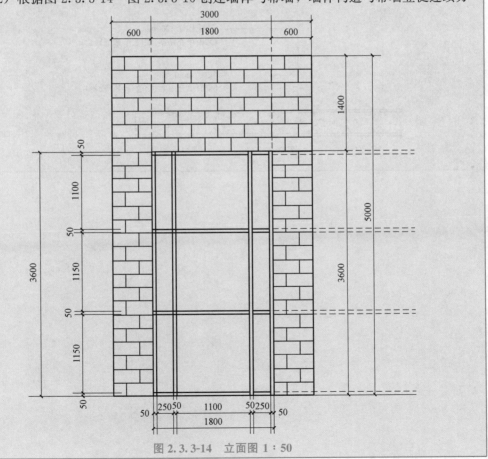

图 2.3.3-14　立面图 1∶50

式如图所示，竖梃尺寸为 100mm×50mm。请将模型以"姓名＋学号或准考证号＋幕墙"命名保存。

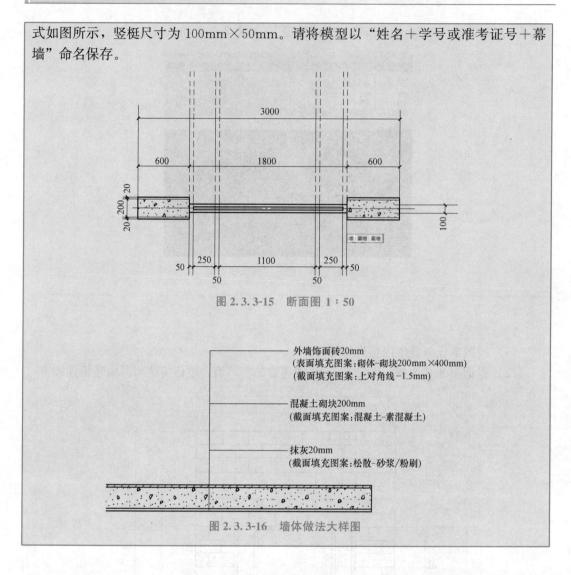

图 2.3.3-15　断面图 1：50

外墙饰面砖20mm
（表面填充图案：砌体-砌块200mm×400mm）
（截面填充图案：上对角线-1.5mm）

混凝土砌块200mm
（截面填充图案：混凝土-素混凝土）

抹灰20mm
（截面填充图案：松散-砂浆/粉刷）

图 2.3.3-16　墙体做法大样图

任务 2.3.4 圆弧楼梯

本任务教学视频主要讲述弧形楼梯的创建方法以及用按草图绘制楼梯的方法。

1. "1＋X" BIM 技能等级初级知识点与技能点

掌握异形楼梯的创建方法。

案例（圆弧楼梯）：根据图 2.3.4-1 创建楼梯模型，其中楼梯宽度 1200mm，所需踢面数 21，踏板深度 260mm，扶手高度 1100mm，楼梯高度参考给定标高。最后以"姓名＋学号或准考证号＋圆弧楼梯"为文件名保存。

2. 教学视频

3. 使用逻辑、技巧与参数化技术应用点总结

（1）使用逻辑

楼梯的绘制，无论是按构件绘制还是按草图绘制都需要先设置好楼梯层高、梯段宽度、所需踏面数、实际踏板深度等属性值，然后再绘制楼梯。按草图绘制楼梯比按构件绘制楼梯方式更为灵活多变。

2.3.4
圆弧楼梯

（2）使用技巧

绘制楼梯时，需要从低层高往高层高处绘制。

4. 视频中第一次出现的 Revit 命令和功能简介

楼梯（按草图）：

【操作步骤】

1）点击"建筑"面板，选择"楼梯（按草图）"，选择转到视图为"楼层平面：标高1"，如图 2.3.4-2、图 2.3.4-3 所示。

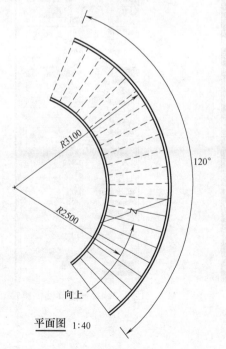

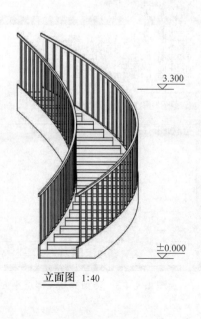

图 2.3.4-1 楼梯示意图

2）按题目要求修改楼梯属性，如图 2.3.4-4 所示。

3）绘制参照平面，夹角为 60°，如图 2.3.4-5 所示。

4）选择"梯段"中的"圆心-端点弧"命令绘制楼梯，圆弧半径 2500mm，输入角度 120°，如图 2.3.4-6 所示。

5）绘制完成后点击"√"完成。

图 2.3.4-2　楼梯（按草图）命令

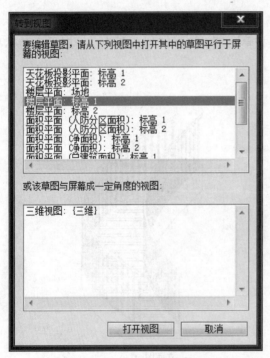

图 2.3.4-3　转到标高 1 楼层平面

图 2.3.4-4　修改楼梯属性

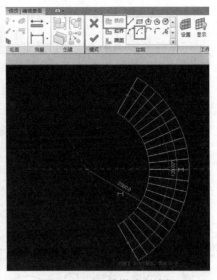

图 2.3.4-5　绘制夹角为 60°的参照平面　　　　图 2.3.4-6　楼梯绘制路径

5. 练习

【实操练习】

（1）按照本任务教学内容进行练习。

（2）根据图 2.3.4-7 创建某住宅楼入口楼梯与坡道模型，栏杆高度 900mm，栏杆样式不限，以"姓名＋学号或准考证号＋楼梯与坡道"为文件名保存。

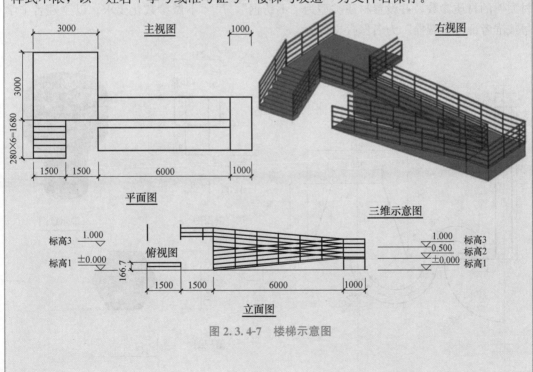

图 2.3.4-7　楼梯示意图

任务 2.3.5　复杂族的创建

本任务教学视频主要讲述通过"拉伸""融合""旋转""放样""放样融合""空心形状"等命令创建复杂族。

1. "1＋X"BIM 技能等级初级知识点与技能点

熟练掌握族的创建方法。

案例一（吊灯之一～三）：根据图 2.3.5-1～图 2.3.5-3 建立吊灯构建集模型，并设置"副灯数量"参数，控制四周副灯的数量。请以"姓名＋学号或准考证号＋吊灯"为名保存文件。

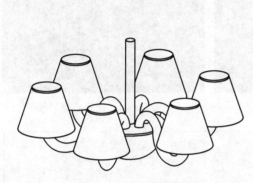

图 2.3.5-1　三维示意图

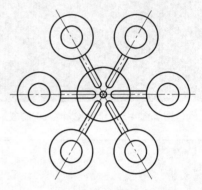

图 2.3.5-2　平面图（副灯数量为 6）

案例二（螺栓）：根据图 2.3.5-4 创建一个构件模型，给模型添加一个名称为"螺栓材质"的材质参数，并设置材质类型为"不锈钢"，尺寸不做参数化要求。以"姓名＋学号或准考证号＋螺栓"为名保存文件。

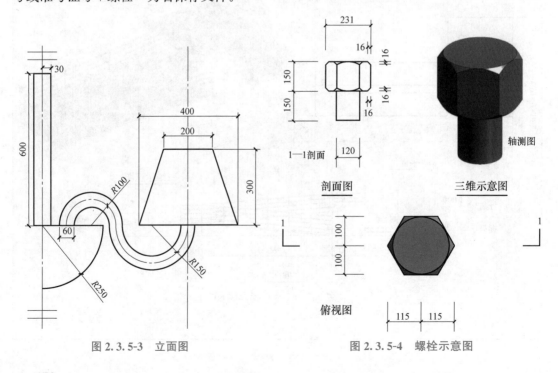

图 2.3.5-3　立面图　　　　　　　　图 2.3.5-4　螺栓示意图

案例三（弹簧）：根据图 2.3.5-5 创建一个构件模型，给模型添加 1 个名称为"弹簧材质"的材质参数，并设置材质类型为"不锈钢"，尺寸不做参数化要求。以"姓名＋学号或准考证号＋弹簧"为名保存文件。

案例四（百叶窗之一~二）：根据如图 2.3.5-6~图 2.3.5-8 所示数据建立单层百叶风口模型，要求长度、宽度、叶片数量或间距、叶片角度参数化可调，并对风口模型设置为铝材质，以"姓名＋学号或准考证号＋参数化单层百叶风口"为文件名保存。

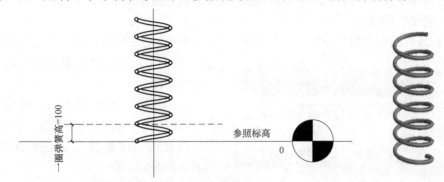

图 2.3.5-5　弹簧示意图

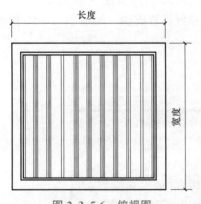

图 2.3.5-6　俯视图

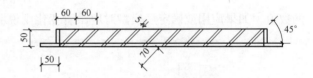

图 2.3.5-7　前视图

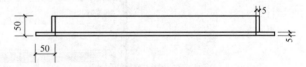

图 2.3.5-8　右视图

2. 教学视频

2.3.5-1　案例一
（吊灯之一）

2.3.5-2　案例一
（吊灯之二）

2.3.5-3　案例一
（吊灯之三）

2.3.5-4　案例二
（螺栓）

2.3.5-5　案例三
（弹簧）

2.3.5-6　案例四
（百叶窗之一）

2.3.5-7　案例四
（百叶窗之二）

3. 使用逻辑、技巧与参数化技术应用点总结

（1）使用逻辑

1）无论是拉伸、旋转还是其他族的创建命令，绘制的截面必须是闭合图形。

2）族和内建模型（族）的区别在于：族在"新建-族"样板中创建，如果想要将族载入到项目中，需要通过"创建—载入到项目"完成；内建模型（族）在项目中"建筑—构件—内建模型"打开，内建模型（族）创建完成后就直接在项目中了。

（2）使用技巧

1）在族样板中绘制直径较小的几何图形时，如果绘制完成后提示"屏幕上的图元太小"，我们可以通过滑动鼠标滚轮放大屏幕来解决问题。

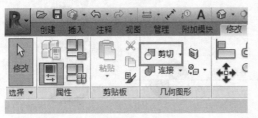

图 2.3.5-9　剪切命令

2）如果空心形状没有成功剪切实心形状，我们可以通过点击"修改—剪切"，然后分别点选实体形状和空心形状来完成，如图 2.3.5-9 所示。

3）检验族中参数设置是否成功的最好方法，就是修改"属性→族类型"中参数的数值，如果应用或确定后模型对应跟着变化则说明参数设置成功，如图 2.3.5-10 所示。

图 2.3.5-10　"族类型"面板

（3）参数化技术应用点

拉伸图元的长度除了可以通过"拉伸起点"和"拉伸终点"这两个参数控制外，也可以建立两个参照平面，将图元拉伸两端与这两个参照平面分别关联锁定，再创建一个尺寸

参数控制两个参照平面的间距，从而控制图元的拉伸长度，如图 2.3.5-11 所示。这种方

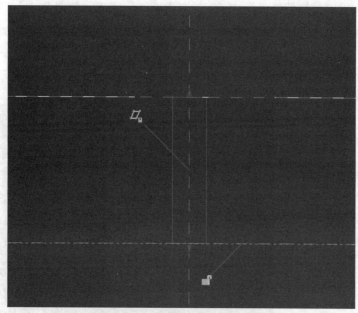

图 2.3.5-11 将图元拉伸到参照平面并锁定

法的好处是，包含此拉伸图元的族被项目或其他族载入后，可以在项目或其他族编辑环境下通过参数直接调整该拉伸图元的长度。

4. 视频中第一次出现的 Revit 命令和功能简介

（1）创建族-拉伸

【操作步骤】

1）在"楼层平面：参照标高"视图中，选择"创建→拉伸"，如图 2.3.5-12 所示。

图 2.3.5-12 拉伸命令

2）选择"修改→绘制→圆形"命令，以参照平面交点为圆心绘制直径为 30mm 的圆，修改属性面板中"拉伸终点"为-600，点击"√"完成，如图 2.3.5-13 所示。

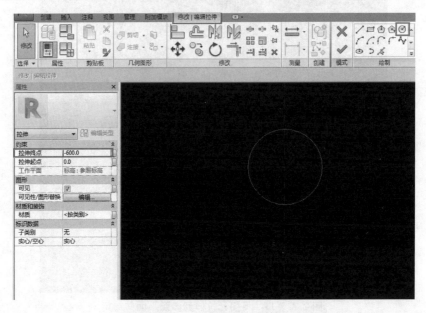

图 2.3.5-13 绘制拉伸截面并修改属性

（2）创建族-旋转

【操作步骤】

1）在"立面：前"视图中，点击"创建→旋转"进入绘图界面，如图 2.3.5-14 所示。

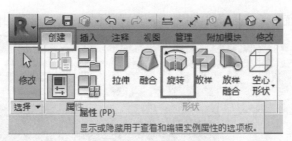

图 2.3.5-14 旋转命令

2）使用"绘制"选项卡中的"直线"和"圆心-端点弧"命令，以拉伸的灯杆下边中点为圆心绘制主灯的旋转截面，如图 2.3.5-15 所示。

3）点击"绘制→轴线"选择"直线"命令，沿灯杆中心线绘制一条直线，点击"√"完成，如图 2.3.5-16 所示。

4）吊灯的主灯和灯杆绘制完成，如图 2.3.5-17 所示。

（3）创建族-放样

【操作步骤】

1）在"立面：前"视图中，点击"创建→放样"，如图 2.3.5-18 所示。

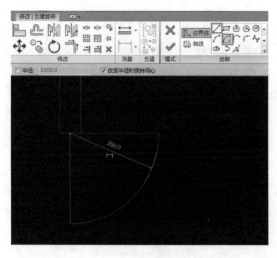

图 2.3.5-15　绘制旋转截面

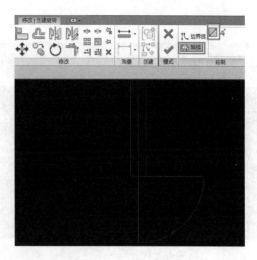

图 2.3.5-16　绘制旋转轴

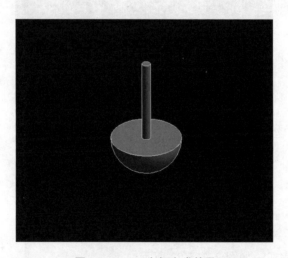

图 2.3.5-17　主灯完成效果

2）点击"绘制路径"，拾取主灯上边线为参照平面，使用"圆心-端点弧"命令绘制放样路径，点击"√"完成，如图 2.3.5-19、图 2.3.5-20 所示。

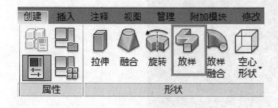

图 2.3.5-18　放样命令

图 2.3.5-19　绘制路径命令

3）点击"编辑轮廓"，选择转到"立面：右"视图，绘制半径为 30mm 的圆截面，点击"√"完成，如图 2.3.5-21、图 2.3.5-22 所示。

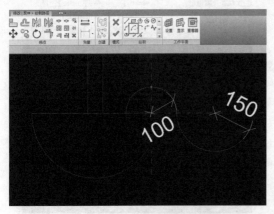

图 2.3.5-20 绘制放样路径

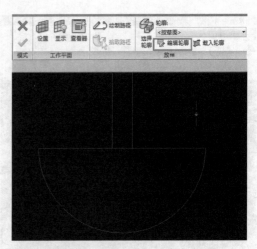

图 2.3.5-21 编辑轮廓命令

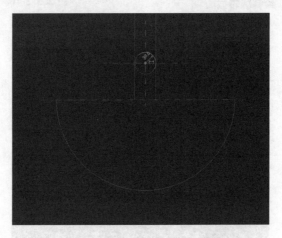

图 2.3.5-22 绘制放样轮廓

4）点击"√"完成，如图 2.3.5-23 所示。

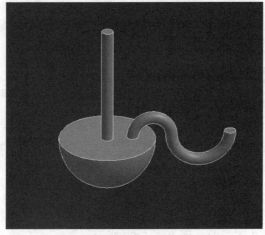

图 2.3.5-23 副灯灯杆完成效果

（4）创建族-融合

【操作步骤】

1）点击"创建→融合"命令，如图 2.3.5-24 所示。

图 2.3.5-24　融合命令

2）进入"楼层平面：参照标高"视图，用"绘制→圆形"命令，在放样的灯杆端部右击，选择"捕捉代替→中心"，绘制融合底部半径为 200mm 的圆截面，如图 2.3.5-25～图 2.3.5-26 所示。

3）点击"模式→编辑顶部"，用同样方法绘制融合顶部半径为 100mm 的圆截面，如图 2.3.5-27 所示。

图 2.3.5-25　捕捉替换命令

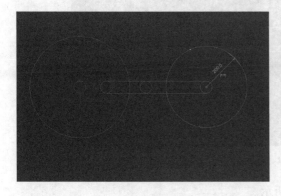

图 2.3.5-26　绘制融合底部轮廓

图 2.3.5-27　绘制融合顶部轮廓

4）点击"√"完成，并修改属性面板中"第二端点"为－300，"第一端点"为－600，如图 2.3.5-28 所示。

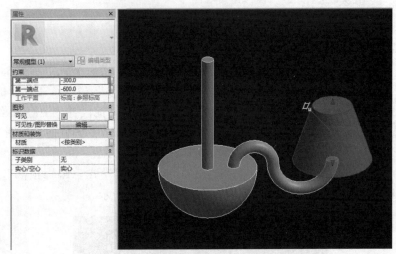

图 2.3.5-28　修改属性面板约束数值

（5）阵列（半径）

【操作步骤】

1）在"参照平面"视图中，选择副灯及灯杆，点击"修改→阵列"，如图 2.3.5-29 所示。

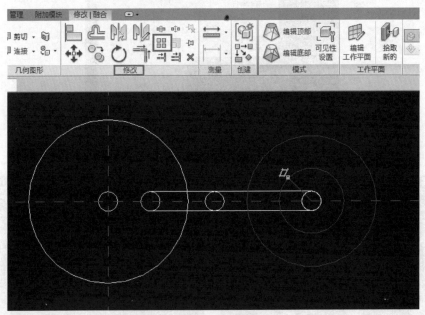

图 2.3.5-29　阵列命令

2）点击"半径"命令，如图 2.3.5-30 所示。

3）按住鼠标左键将旋转中心点拖动到主灯中心，将线定位在水平位置，设置"项目数"为 3，"移动到"第二个，"角度"为 60°，按回车键完成，如图 2.3.5-31～图 2.3.5-32 所示。

（6）创建族-空心形状

【操作步骤】

选择"创建→空心形状"，空心拉伸、空心融合、空心旋转、空心放样和空心放样融合的操作方法同创建实体形状，如图 2.3.5-33 所示。

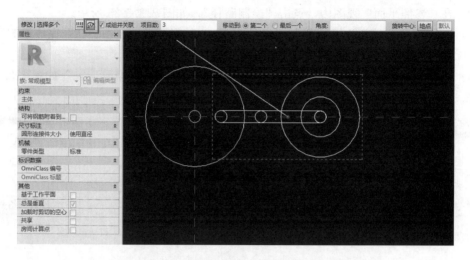

图 2.3.5-30　半径（阵列）命令

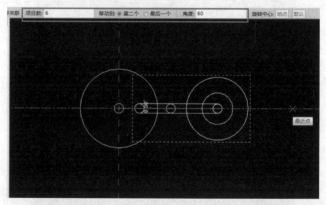

图 2.3.5-31　确定旋转定位线并修改阵列数据

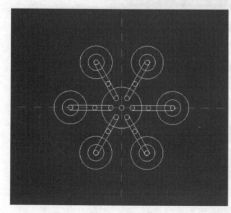

图 2.3.5-32　吊灯完成效果

图 2.3.5-33　空心形状命令

（7）创建族-放样融合

【操作步骤】

1）选择"创建→放样融合"，进入编辑界面，如图 2.3.5-34 所示。

2）在"参照平面"视图中，点击"绘制路径"，如图 2.3.5-35 所示。

3）用"圆心-端点弧"命令绘制半径为 100mm 的半圆弧，点击"√"完成绘制路径，如图 2.3.5-36 所示。

4）选择"选择轮廓 1"，然后选择"编辑轮廓"，转到视图"立面：前"如图 2.3.5-37、图 2.3.5-38 所示。

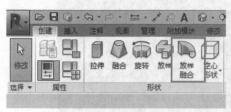

图 2.3.5-34　放样融合命令

图 2.3.5-35　绘制路径命令

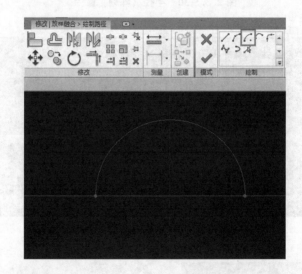

图 2.3.5-36　绘制放样融合路径

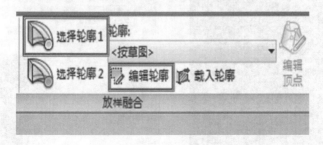

图 2.3.5-37　编辑轮廓命令

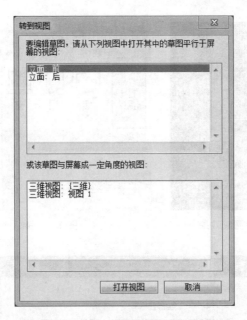

图 2.3.5-38　转到前立面视图

5）在高亮显示的红色圆点处绘制半径为 10mm 的圆，点击"√"完成轮廓 1，如图 2.3.5-39 所示。

6）同样的方法和直径编辑轮廓 2，并将轮廓 2 向上移动 50mm，点击"√"完成放样融合，如图 2.3.5-40、图 2.3.5-41 所示。

图 2.3.5-39　绘制放样融合轮廓 1

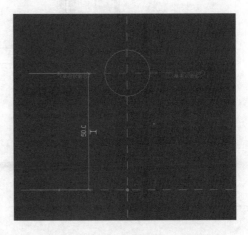

图 2.3.5-40　绘制放样融合轮廓 2

（8）内建模型（族）

【操作步骤】

1）打开项目建筑样板，点击"建筑→构件→内建模型"，如图 2.3.5-42 所示。

2）根据需要选择合适的族样板，如图 2.3.5-43 所示。

3）内建模型的创建方法同族的创建方法，使用"创建"中的拉伸、融合、旋转、放样、放样融合等命令完成模型的创建。

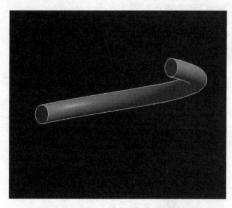

图 2.3.5-41 放样融合完成效果

图 2.3.5-42 内建模型命令

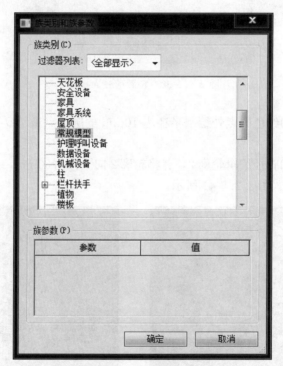

图 2.3.5-43 选择族样板

5. 练习

【实操练习】

(1) 按照本任务教学内容进行练习。

(2) 根据图 2.3.5-44～图 2.3.5-46 用构件集（多个构件）创建模型，材质为混凝土，以"姓名＋学号或准考证号＋桥墩"命名保存文件。

(3) 根据图 2.3.5-47～图 2.3.5-48 创建栏杆构件集。截面尺寸除扶手外其余杆件均相同。除挡板材质设为"玻璃"，其余材质均设为"木材"。创建完成后以"姓名＋学号或准考证号＋栏杆"命名保存文件。

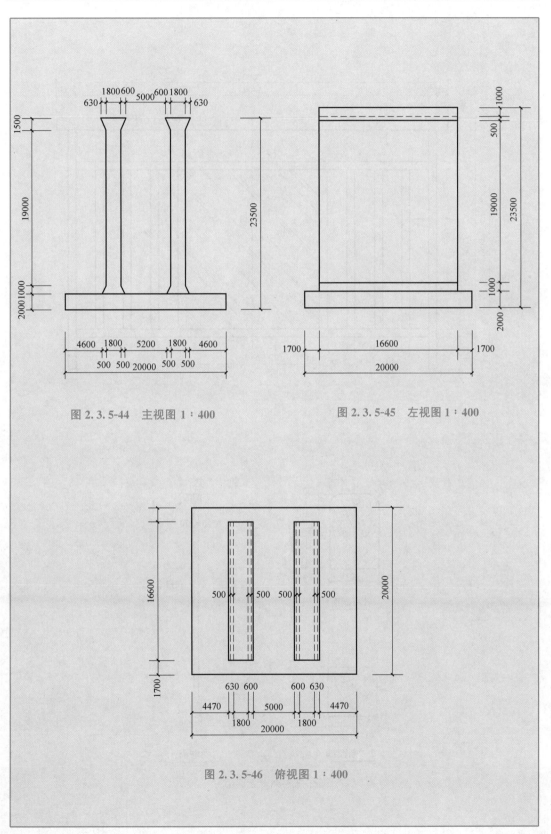

图 2.3.5-44　主视图 1∶400

图 2.3.5-45　左视图 1∶400

图 2.3.5-46　俯视图 1∶400

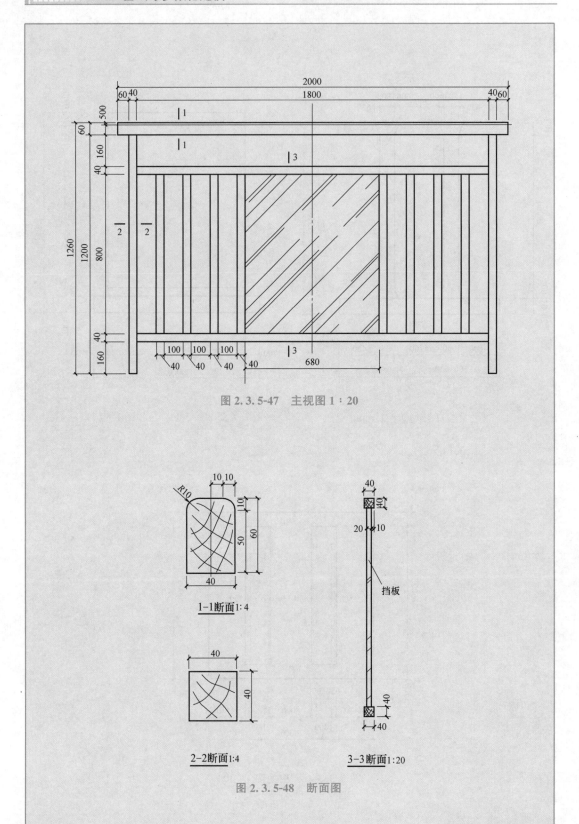

图 2.3.5-47　主视图 1∶20

图 2.3.5-48　断面图

任务 2.3.6 体量

本任务教学视频主要讲述体量的创建方法，以及与族创建方法的不同。

1. "1+X" BIM 技能等级初级知识点与技能点

熟练掌握体量的创建方法。

案例一（体量创建方法之一～二）：体量创建方法简介。

案例二（体量四棱锥和圆锥）：如何用体量创建四棱锥和圆锥。

案例三（体量央视大楼之一～二）：根据图 2.3.6-1～图 2.3.6-4 给定的尺寸，建立央视大楼简化模型，并通过软件自动计算该模型的体积与总面积。最后以"姓名＋学号或准考证号＋央视大楼"为文件名存盘。

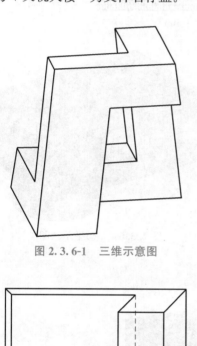

图 2.3.6-1 三维示意图

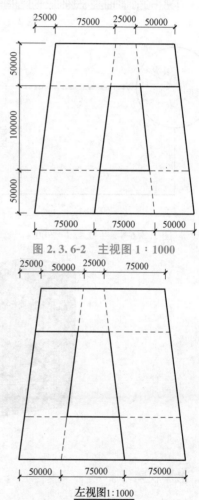

图 2.3.6-2 主视图 1：1000

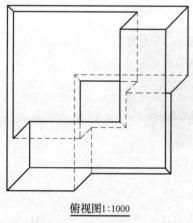

俯视图1：1000

图 2.3.6-3 俯视图 1：1000

图 2.3.6-4 左视图 1：1000

案例四（体量楼层与幕墙之一～二）：创建如图 2.3.6-5～图 2.3.6-8 所示模型，（1）面墙为厚度 200mm 的"常规-200mm 厚面墙"，定位线为"核心层中心线"；（2）幕墙系统为网格布局 600mm×1000mm（即横向网格间距为 600mm，竖向网格间距为 1000mm），网格上均设置竖梃，竖梃均为圆形竖梃半径 50mm；（3）屋顶为厚度为 400mm 的"常规一

400mm"屋顶；（4）楼板为厚度为150mm的"常规—150mm"楼板，标高1～标高6上均设置楼板。请将该模型以"姓名＋学号或准考证号＋体量楼层"为文件名保存。

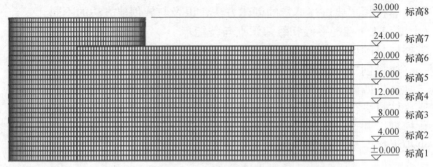

图2.3.6-5 南立面 1∶500

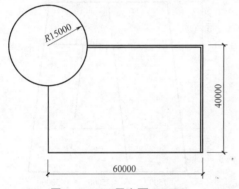

图2.3.6-6 平立面 1∶500

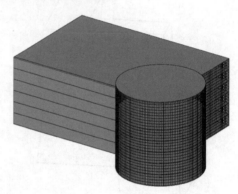

图2.3.6-7 模型示意图1

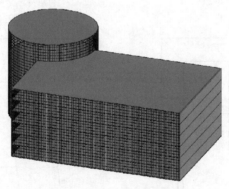

图2.3.6-8 模型示意图2

2. 教学视频

2.3.6-1 案例一
（体量创建方法之一）

2.3.6-2 案例一
（体量创建方法之二）

2.3.6-3 案例二
（体量四棱锥和圆锥）

2.3.6-4 案例三
（体量央视大楼之一）

2.3.6-5　案例三
（体量央视大楼之二）

2.3.6-6　案例四
（体量楼层与幕墙之一）

2.3.6-7　案例四
（体量楼层与幕墙之二 ）

3. 使用逻辑、技巧与参数化技术应用点总结

（1）使用逻辑

1）体量的创建方法，直接利用闭合的几何图形和线生成实体。闭合几何图形的绘制要根据情况选择在"工作平面上绘制"或者在"平面上绘制"。在"工作平面上绘制"指在激活状态下的参照工作平面上绘制，如图 2.3.6-9 所示。在"平面上绘制"指在激活状态下的现有的图元所含表面上绘制，如图 2.3.6-10 所示。

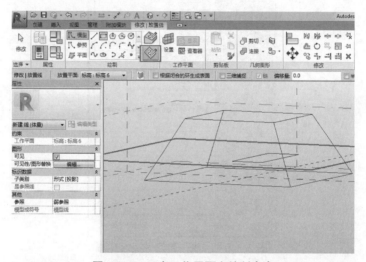

图 2.3.6-9　在工作平面上绘制命令

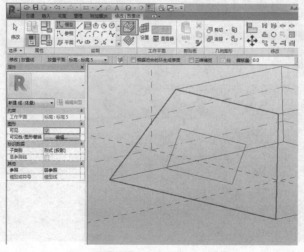

图 2.3.6-10　在平面上绘制命令

2）外建体量和内建体量的区别在于：外建体量通过"公制体量.rft"样板文件开始，最后生成以".rfa"为扩展名的族文件，并可以被项目和"基于图案""常规模型自适应"或"体量"模板创建的族中载入使用。内建体量在项目中通过"体量和场地→内建体量"打开，内建体量创建完成后不会生成独立的族文件，不能被其他项目或族载入使用。

（2）参数化技术应用点

先绘制大致形状，再通过调整临时尺寸参数值确定精确形状。

4. 视频中第一次出现的 Revit 命令和功能简介

（1）新建概念体量

【操作步骤】

1）点击"R→新建→概念体量"，或点击"族→新建概念体量"，如图 2.3.6-11 和图 2.3.6-12 所示。

图 2.3.6-11　R→新建→概念体量

图 2.3.6-12　族→新建概念体量

2）选择"公制体量"，点击"打开"，如图 2.3.6-13 所示。

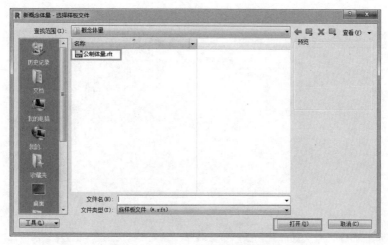

图 2.3.6-13　打开公制体量样板

（2）体量-放样

【操作步骤】

1）在"三维"视图，点击选择水平参照平面，如图 2.3.6-14 所示。

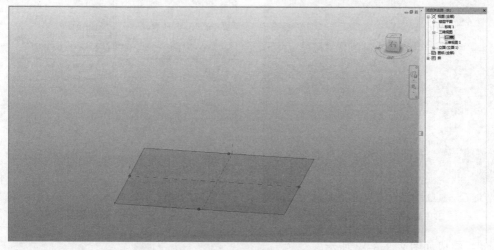

图 2.3.6-14　选择水平参照面

2）点击"绘制→外接多边形"，如图 2.3.6-15 所示。

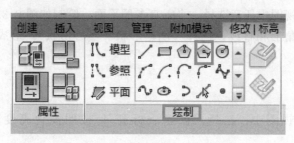

图 2.3.6-15　绘制外接多边形命令

3）设置多边形边数为4，以交点为中心绘制一个边长任意的四边形，如图2.3.6-16所示。

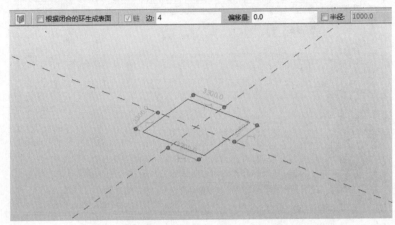

图2.3.6-16　绘制任意四边形

4）选择任一个垂直参照平面，用直线命令绘制如图2.3.6-17所示三角形。

5）同时选中四边形和三角形，选择"创建形状→实心形状"，如图2.3.6-18所示。

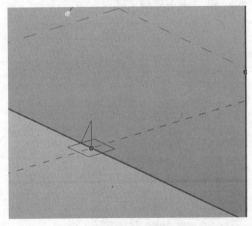

图2.3.6-17　绘制垂直三角形

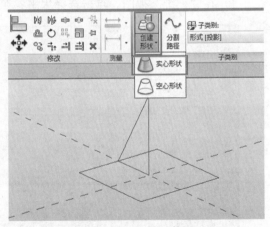

图2.3.6-18　创建形状命令

6）完成如图2.3.6-19所示。

（3）体量-旋转

【操作步骤】

1）在"三维"视图中任意选择一个垂直参照平面，绘制如图2.3.6-20的图形。

2）同时选中三角形和直线，选择"创建形状→实心形状"，形成模型如图2.3.6-21所示。

（4）体量-融合

【操作步骤】

1）在"三维"视图中，选择"创建→标高"，按照棱台高度创建顶面标高，如图2.3.6-22所示。

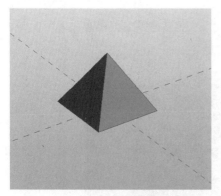

图 2.3.6-19 体量-放样完成效果

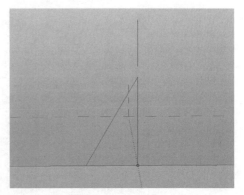

图 2.3.6-20 在垂直平面绘制三角形

图 2.3.6-21 体量-旋转完成效果

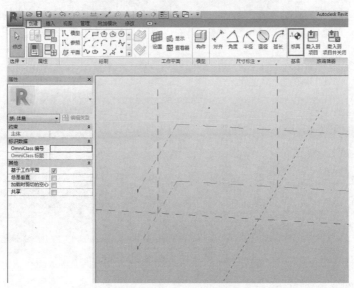

图 2.3.6-22 绘制标高

2）选择棱台底面标高，选择"绘制→矩形"，同时打开"在工作平面上绘制"，在俯视图中绘制棱台底截面图形，如图 2.3.6-23 所示。

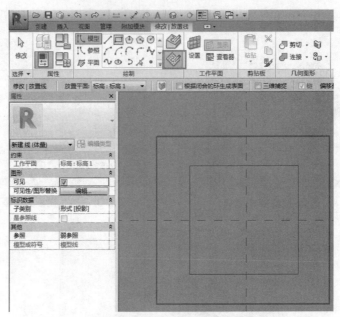

图 2.3.6-23　在工作平面上绘制矩形

3）以同样的方法在棱台顶面标高绘制顶截面图形，同时选中底、顶截面"创建形状"，如图 2.3.6-24 所示。

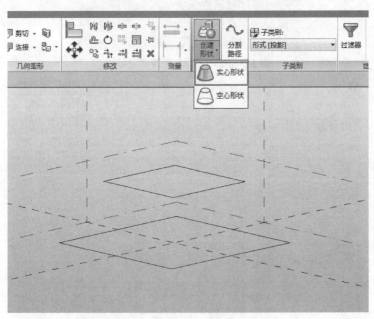

图 2.3.6-24　选中两个图形创建实心形状

4）结果如图 2.3.6-25 所示。

（5）体量-空心形状

【操作步骤】

1）按照绘制实心形状的方法绘制截面图形，选中截面图形，选择"创建形状→空心

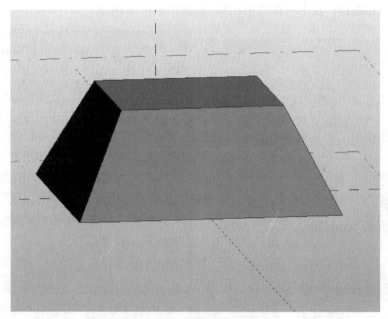

图 2.3.6-25　体量-融合完成效果

形状"，如图 2.3.6-26 所示。

2）结果如图 2.3.6-27 所示。

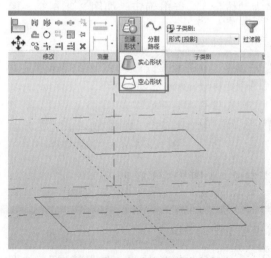

图 2.3.6-26　创建空心形状命令

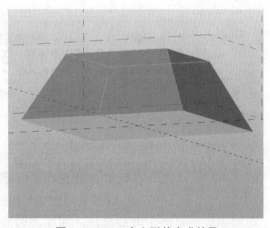

图 2.3.6-27　空心形状完成效果

（6）体量-拉伸

【操作步骤】

在"标高 1"楼层平面视图绘制一个闭合截面，选中闭合截面点击"创建形状"，如图 2.3.6-28 所示。

（7）体量-放样融合

【操作步骤】

在不同工作平面各绘制一个闭合的截面，然后绘制一条垂直于两个截面的路径，同时选中两个截面和路径，点击"创建形状"，如图 2.3.6-29 所示。

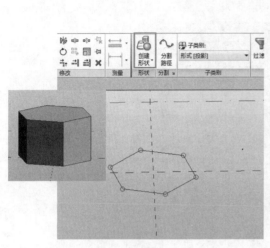 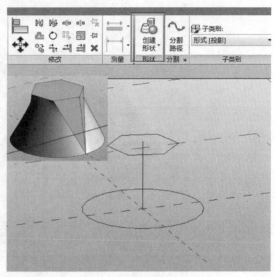

图 2.3.6-28　体量-拉伸完成效果　　　　图 2.3.6-29　体量-放样完成效果

（8）内建体量

【操作步骤】

1）选择"体量和场地→内建体量"，命名为"体量1"点击确定，如图 2.3.6-30～图 2.3.6-31 所示。

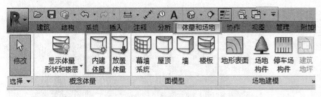 

图 2.3.6-30　内建体量命令　　　　　　图 2.3.6-31　内建体量命名

2）按要求先创建圆柱形体量，点击"√"完成，如图 2.3.6-32 所示。

3）同样的方法创建四棱柱体量，如图 2.3.6-33 所示。

（9）体量楼层

【操作步骤】

1）进入"立面：南"视图，选择四棱柱体量，选择"修改/体量→体量楼层"，如图 2.3.6-34 所示。

2）勾选标高1～标高6，点击确定，如图 2.3.6-35 所示。

3）同样的方法创建圆柱体量楼层，勾选标高1～标高6，最后创建体量楼层如图 2.3.6-36 所示。

（10）体量面墙

【操作步骤】

1）进入"三维"视图，选择"体量和场地→墙"，如图 2.3.6-37 所示。

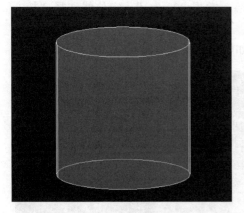

图 2.3.6-32 圆柱形体量完成效果

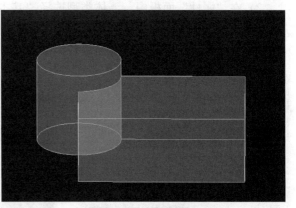

图 2.3.6-33 四棱柱体量完成效果

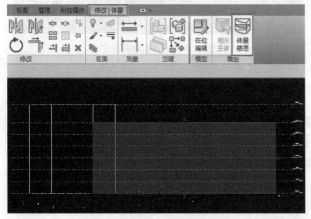

图 2.3.6-34 体量楼层命令

图 2.3.6-35 勾选需创建的体量楼层标高

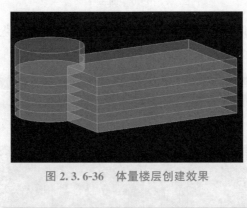

图 2.3.6-36 体量楼层创建效果

图 2.3.6-37 面墙命令

2）在"属性"面板中，墙体类型选择"基本墙：常规-200mm"，定位线选择"核心层中心线"，如图 2.3.6-38 所示。

3）鼠标左键点击需要布置面墙的体量表面，如图 2.3.6-39 所示。

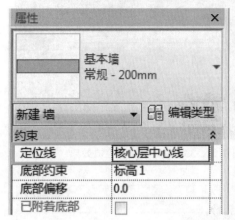

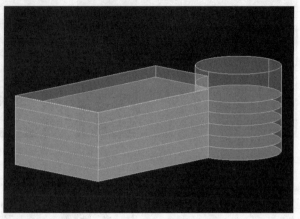

图 2.3.6-38 将属性中定位线改为核心层中线

图 2.3.6-39 创建面墙效果

（11）体量楼板

【操作步骤】

1）进入"三维"视图，选择"体量和场地→楼板"，如图 2.3.6-40 所示。

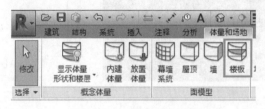

图 2.3.6-40 面楼板命令

2）框选前面创建的体量楼层，在"属性"面板中选择楼板类型为"常规－150mm"，点击"创建楼板"，如图 2.3.6-41 所示。

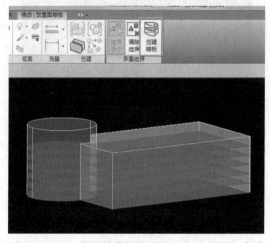

图 2.3.6-41 选择体量楼层点击"创建楼板"命令

3）楼板创建如图 2.3.6-42 所示。

（12）体量屋顶

【操作步骤】

1）进入"三维"视图，选择"体量和场地—屋顶"，如图 2.3.6-43 所示。

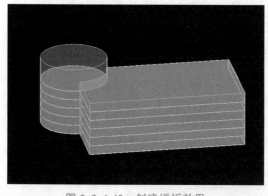

图 2.3.6-42　创建楼板效果

图 2.3.6-43　面屋顶命令

2）在"属性"面板中选择屋顶类型为"常规—400mm"，用鼠标左键选择需要创建面屋顶的体量表面，点击"创建屋顶"，如图 2.3.6-44 所示。

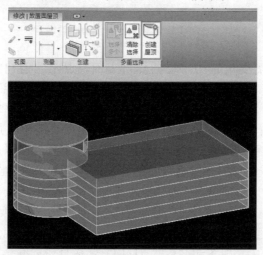

图 2.3.6-44　选择屋顶点击"创建屋顶"命令

（13）体量幕墙系统

【操作步骤】

1）进入"三维"视图，选择"体量和场地→幕墙系统"，如图 2.3.6-45 所示。

图 2.3.6-45　幕墙系统命令

2）点击"属性"面板的"编辑类型"，进入"类型属性"，复制一个幕墙系统，命名为"600mm×1000mm"，修改网格和竖梃类型如图 2.3.6-46 所示。

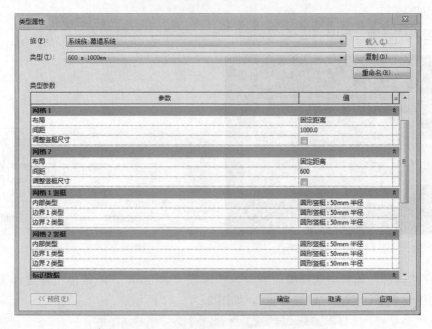

图 2.3.6-46　幕墙系统各类型参数设置

3）鼠标左键选择需要设置为幕墙的体量表面，点击"创建系统"，如图 2.3.6-47 所示。

图 2.3.6-47　选择体量面点击"创建系统"命令

4）幕墙系统创建如图，如图 2.3.6-48 所示。

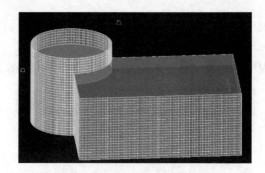

图 2.3.6-48　幕墙完成效果

5. 练习

【实操练习】

（1）按照本任务教学内容进行练习。

（2）根据图2.3.6-49～图2.3.6-51所示，以体量形式创建牛腿柱模型。以"姓名＋学号或准考证号＋牛腿柱"命名保存。

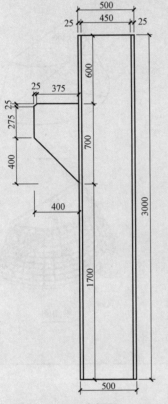

图 2.3.6-49　主视图 1∶40

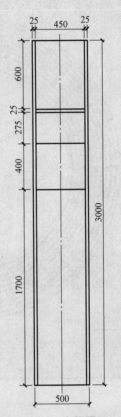

图 2.3.6-50　左视图 1∶40

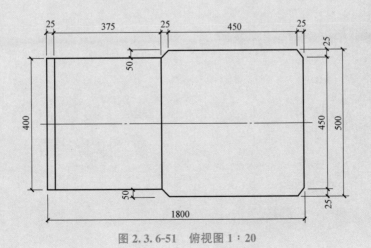

图 2.3.6-51　俯视图 1∶20

（3）按照要求创建下图体量模型，参数详见图 2.3.6-52，半圆圆心对齐。并将上述体量模型创建幕墙，幕墙系统为网格布局 1000mm×600mm（横向竖梃间距为 600mm，竖向竖梃间距为 1000mm）；幕墙的竖向网格中心对齐，横向网格起点对齐；网格上均设置竖梃，竖梃均为圆形竖梃，半径为 50mm。创建屋面女儿墙以及各层楼板。请将模型以"姓名＋学号或准考证号＋体量幕墙"为文件名保存。

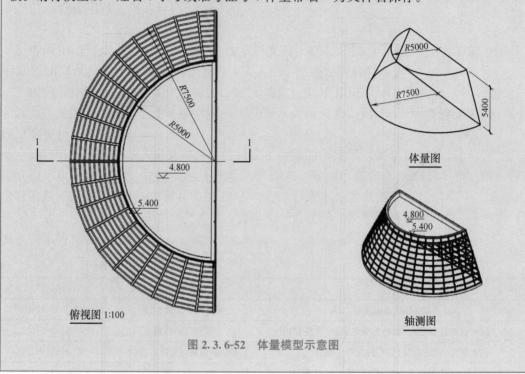

图 2.3.6-52　体量模型示意图

任务 2.3.7　材质专题

本任务教学视频主要讲述 Revit 中不同层次材质的定义规则与相互关系，以及在不同场景下如何正确添加材质的方法。

1. "1＋X" BIM 技能等级初级知识点与技能点

熟练掌握材质创建方法和设置逻辑。

案例（拱门墙）：如图 2.3.7-1～图 2.3.7-2 所示，以拱门墙门框轮廓材质（樱桃木）为例进行材质专题的讲解。

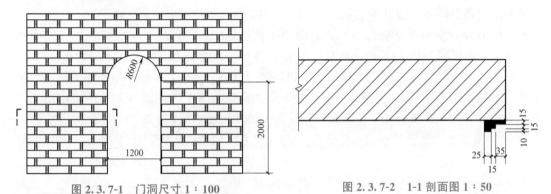

图 2.3.7-1　门洞尺寸 1∶100　　　　　图 2.3.7-2　1-1 剖面图 1∶50

2. 教学视频

3. 使用逻辑、技巧与参数化技术应用点总结

（1）使用逻辑

2.3.7　材质专题

Revit 中的材质分三个层次。Revit 中的任何实体图元，无论它是族还是体量，其基本组成部分均包含有原生的材质属性。例如墙这种图元，其"类型属性"中组成它的"结构"的任意部件都具备与之对应的"材质"这种可选择的属性。这种材质是最顶层的材质，该材质还可关联族参数，可以称其为"顶层材质"，如图 2.3.7-3 所示。"顶层材质"右侧往往有一个按钮，点击该按钮会弹出"材质浏览器"对话框。该对话框左侧列表中的材质，可以称其为"中层材质"，如图 2.3.7-4 所示。当点击"材质浏览器"对话框左侧下方的"打开/关闭资源浏览器"按钮后会弹出"资源浏览器"对话框。该对话框中可选项才是最底层的材质，可以称其为"底层材质"，如图 2.3.7-5 所示。"底层材质"才是能决定"图形""外观""物理"等该材质具体属性值的材质。通过双击某"底层材质"就可以将该材质对应的各类具体属性值赋予选中的"中层材质"，然后再传递给"顶层材质"，最终使得实体图元的组成部件体现出相应的"外观""物理"等具体属性。

（2）使用技巧

底层材质可以通过"创建并复制材质"创建一个新材质，通过双击将底层材质添加到中层材质中的新材质中，如图 2.3.7-6 所示。

（3）参数化技术应用点

顶层材质可以关联一个用户自己创建的"材质"类族参数。好处是，包含被赋予此材质的图元的族，被项目或其他族载入后，可以在项目或其他族编辑环境下通过参数直接调整该图元的材质。

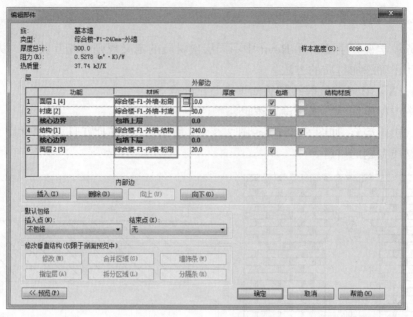

图 2.3.7-3　顶层材质

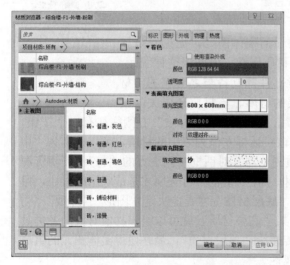

图 2.3.7-4　中层材质

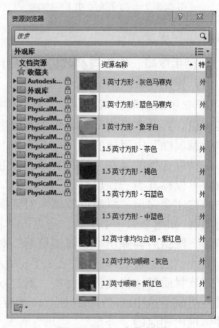

图 2.3.7-5　底层材质

4. 视频中第一次出现的 Revit 命令和功能简介

材质参数化：

【操作步骤】

1）双击内建模型进入编辑模式或者选中内建模型点击"修改/常规模型→在位编辑"进入编辑模式，如图 2.3.7-7 所示。

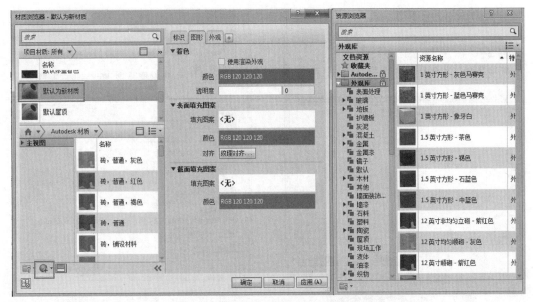

图 2.3.7-6　创建并复制材质

2）选中族模型，点击"属性→材质"后面的关联参数按钮，如图 2.3.7-8 所示。

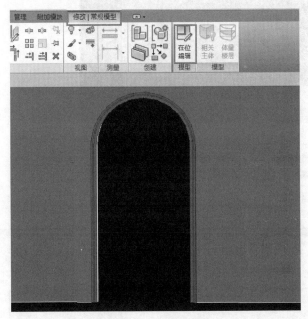

图 2.3.7-7　在位编辑命令

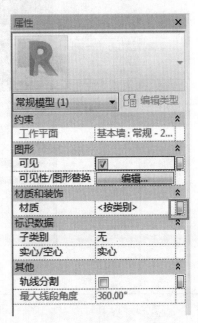

图 2.3.7-8　点击"属性→材质"的关联参数按钮

3）点击新建参数，并命名为"门框材质"，点击"√"完成模型，如图 2.3.7-9、图 2.3.7-10 所示。

4）选中门框，点击"属性→编辑类型"，将"门框材质"修改为樱桃木，如图 2.3.7-11 所示。

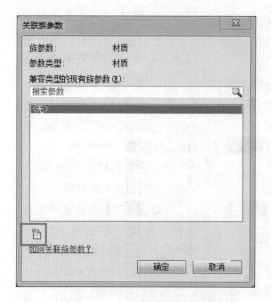

图 2.3.7-9 新建参数命令

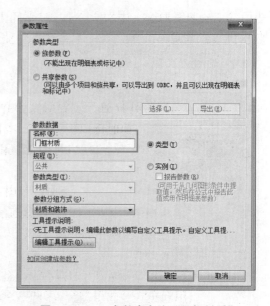

图 2.3.7-10 参数命名为"门框材质"

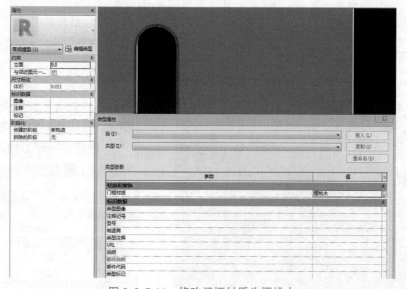

图 2.3.7-11 修改门框材质为樱桃木

5. 练习

【实操练习】

（1）按照本任务教学内容进行练习。

（2）根据图 2.3.7-12～图 2.3.7-15 给定尺寸，创建以下鸟居模型，鸟居基座材质为"石材"，其余材质均为"胡桃木"；鸟居额束厚度 150mm，尺寸见详图，水平方向居中放置，垂直方向按图大致位置准确即可，未标明尺寸与样式的不做要求。请将模型以文件名"姓名＋学号或准考证号＋鸟居"为文件名保存。

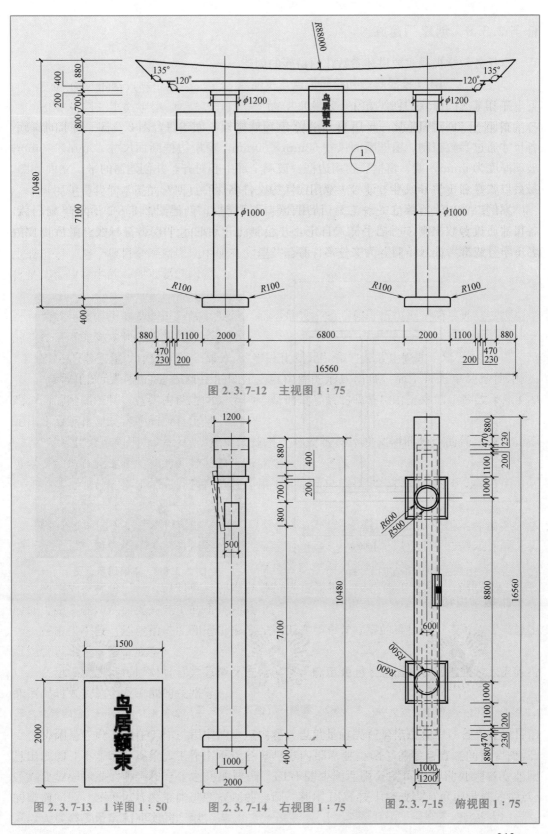

图 2.3.7-12 主视图 1∶75

图 2.3.7-13 1 详图 1∶50

图 2.3.7-14 右视图 1∶75

图 2.3.7-15 俯视图 1∶75

鸟居额束

任务 2.3.8　创建门窗族

本任务教学视频主要讲述参数化门窗族的创建。

1. **"1＋X" BIM 技能等级初级知识点与技能点**

熟练掌握门窗族的创建方法。

案例一（创建窗族之一～三）：请用公制窗族样板，创建符合图 2.3.8-1 要求的窗族，各尺寸通过参数控制。窗框断面尺寸 60mm×60mm，窗扇边框断面尺寸 40mm×40mm，玻璃厚度为 6mm，墙、窗框、窗扇边框、玻璃全部中心对齐，并创建窗的平、立面详图。最后以"姓名＋学号或准考证号＋双扇窗"为文件名保存。

案例二（创建门族之一～二）：请用公制门族样板，创建图 2.3.8-2 所示单扇门族，各尺寸通过参数控制，门把手样式自定，并绘制门开启时水平投影符号线。最后以"姓名＋学号或准考证号＋门"为文件名保存。

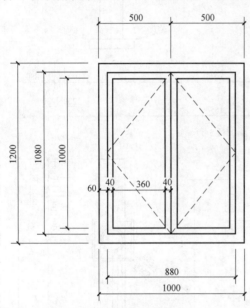

图 2.3.8-1　平面图 1：50

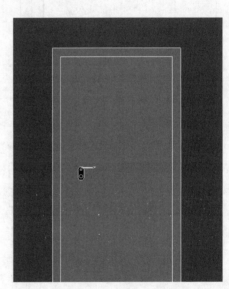

图 2.3.8-2　单扇门示意图

2. 教学视频

2.3.8-1　案例一（创建窗族之一）

2.3.8-2　案例一（创建窗族之二）

2.3.8-3　案例一（创建窗族之三）

2.3.8-4　案例二（创建门族之一）

2.3.8-5　案例二（创建门族之二）

3. 使用逻辑、技巧与参数化技术应用点总结

使用逻辑和参数化技术应用点：

Revit 建模时可以采用符号线并配合"族图元可见性设置"中各项参数的设置，实现在不同视图、不同"详细程度"视图显示设置下，按需求实现真实模型与施工图中对同一建筑构件的不同表达。

4. 视频中第一次出现的 Revit 命令和功能简介

（1）锁定尺寸标注

【操作步骤】

选择标注、点击"锁定"按钮，如图 2.3.8-3 所示。

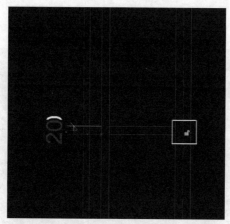

图 2.3.8-3 锁定标注

（2）编辑工作平面

【操作步骤】

1）选中要更改工作平面的构件，点击"编辑工作平面"，如图 2.3.8-4 所示。

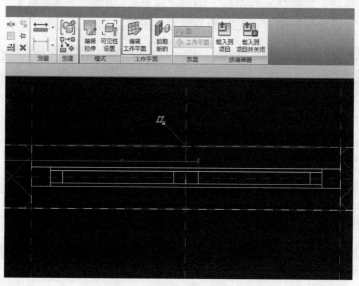

图 2.3.8-4 "编辑工作平面"命令

2）点击拾取一个工作平面，并点击确定，如图 2.3.8-5 所示。

3）鼠标拾取新工作平面，如图 2.3.8-6 所示。

图 2.3.8-5　拾取工作平面

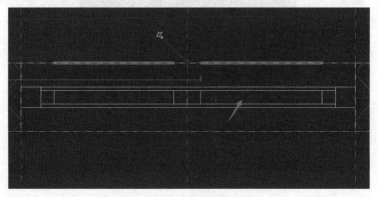

图 2.3.8-6　拾取工作平面

（3）可见性参数化

【操作步骤】

1）选择窗横档，勾掉"属性面板"中的"可见"，如图 2.3.8-7 所示。

2）点击"属性面板"中"可见"的关联参数按钮，如图 2.3.8-8 所示。

图 2.3.8-7　勾掉"属性面板"中"可见"参数

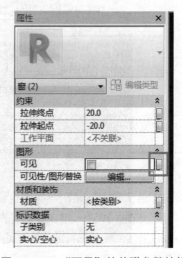

图 2.3.8-8　"可见"的关联参数按钮

3）新建参数化并命名为"横档可见"，如图 2.3.8-9 所示。

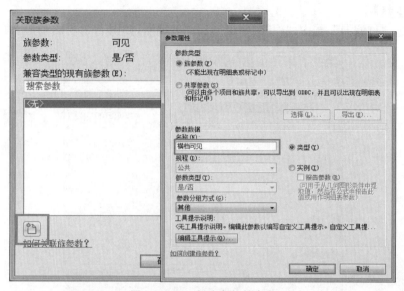

图 2.3.8-9 新建参数并命名

4）打开"预览可见性"，如图 2.3.8-10 所示。

图 2.3.8-10 "预览可见性"命令

5）在"族类型"中可以设置，勾选"横档可见"则横档显示出来，不勾选"横档可见"则横档不显示，如图 2.3.8-11 所示。

图 2.3.8-11 族类型中"横档可见"参数

（4）窗水平投影标记

【操作步骤】

1）通过"过滤器"选中"框架/竖梃"和"玻璃"，如图2.3.8-12所示。

图2.3.8-12　通过"过滤器"选择图元类别

2）选择"修改/选择多个→可见性设置"，勾选"视图专用显示"中的选项，如图2.3.8-13和图2.3.8-14所示。

图2.3.8-13　可见性设置命令

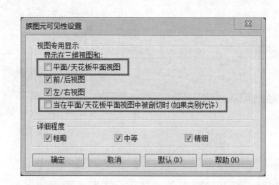

图2.3.8-14　设置族图元的可见性

3）在"参照标高"视图中，选择"注释→符号线"，如图2.3.8-15所示。

4）绘制两条符号线，并做尺寸标注，并设置彼此等分约束，如图2.3.8-16所示。

5）选中绘制的符号线，将"修改/线→子类别"修改为"窗［截面］"，如图2.3.8-17所示。

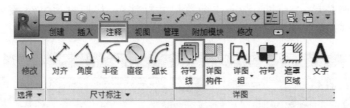

图 2.3.8-15 "注释→符号线"命令

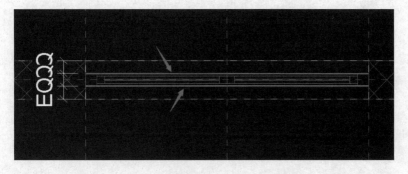

图 2.3.8-16 设置符号线的彼此等分约束

图 2.3.8-17 修改子类别为"窗〔截面〕"

(5) 尺寸标注参数化

【操作步骤】

1) 在"参照平面"视图中,做如图 2.3.8-18 所示尺寸标注。

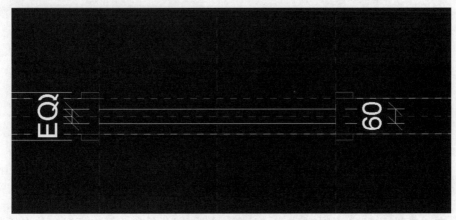

图 2.3.8-18 标注尺寸

2) 选择门厚总尺寸标注，点击"标签尺寸标注"，将厚度尺寸标签设置为"厚度"，如图 2.3.8-19 所示。

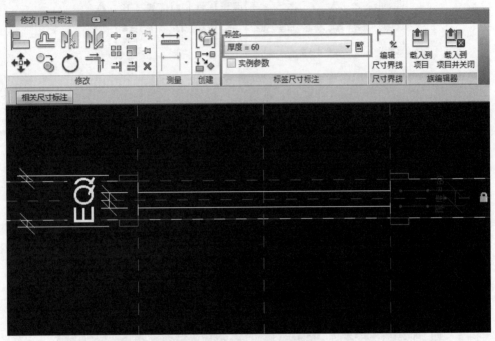

图 2.3.8-19　设置厚度标签

（6）门开启方向标记

【操作步骤】

1) 通过"过滤器"选中构件如图 2.3.8-20 所示。

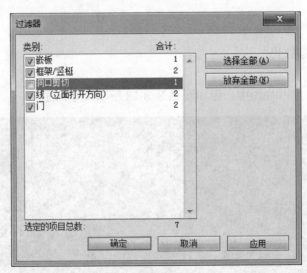

图 2.3.8-20　通过"过滤器"选择图元类别

2) 点击"属性→可见性/图形替换→编辑"，按图 2.3.8-21 所示设置。

3) 在"参照标高"视图中，点击"注释→符号线"，绘制门开启标记，并将子类别设

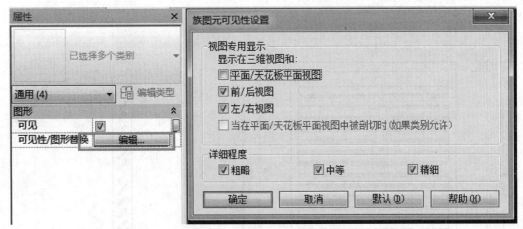

图 2.3.8-21　设置族图元的可见性

置为"门［投影］"，如图 2.3.8-22 所示。

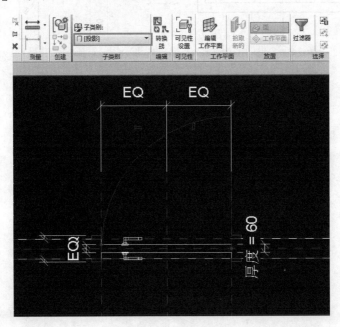

图 2.3.8-22　将门开启标记子类别设置为"门［投影］"

5. 练习

【实操练习】

（1）按照本任务教学内容进行练习。

（2）根据图 2.3.8-23 和图 2.3.8-24 给定的尺寸标注建立"百叶窗"构建集。所有参数采用图中参数名字命名，设置为类型参数，扇叶个数可以通过参数控制，并对窗框和百叶窗百叶赋予合适材质。请将模型文件以"姓名＋学号或准考证号＋百叶窗"为文件名保存。

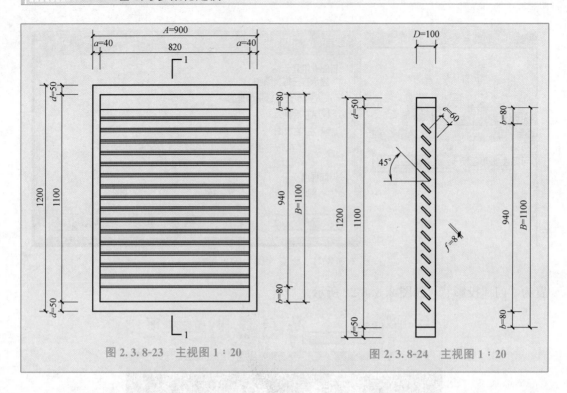

图 2.3.8-23　主视图 1：20

图 2.3.8-24　主视图 1：20

第三阶段

拓　展

第三阶段拓展包含1个模块，即模块3.1复杂参数化族，通过3个经典案例讲述复杂的参数化建模方法。

模块 3.1　复杂参数化族

任务 3.1.1　复杂参数化族创建

为什么要使用嵌套族？

使用嵌套族这种方式，本质上就是将一个复杂族拆分为多个简单族，尽量减少同一个族内具有相关性的参数的数量，即减少相关性的限制条件，并且令参数间相关关系变得更加简单和清晰。因此，Revit 复杂参数族中使用嵌套族这种方式是重要的，尤其对要使用"阵列"功能的族来说是必要的。为了便于描述，下文中将需要载入其他族的族称为父族，被载入的族称为子族。

1. 教学视频

3.1.1-1　嵌套族

3.1.1-2　Revit嵌套族的一种应用（《套路不深——Revit嵌套族的一种应用》）

3.1.1-3　百叶窗（百叶角度可调）之一

3.1.1-4　百叶窗（百叶角度可调）之二

3.1.1-5　百叶窗（百叶角度可调）之三

2. 使用逻辑、技巧与参数化技术应用点总结

（1）使用逻辑

1）在项目或族中使用嵌套族时，只能直接对父族的参数进行调整，只有对嵌套族中父族与子族的相应参数进行关联操作后，才能调整子族的相应参数。父族与子族的参数关联可根据实际使用需求进行关联，不需要关联所有参数。

2）Revit 的族可以多次嵌套，通过多次嵌套可以创建更复杂的参数化族建。

3）族参数（设置方法详见下文"族类别参数设置"）中"基于工作平面"和"总是垂直"两个选项的作用：若"总是垂直"选项被勾选，则该族被项目或族载入后，只能在平面视图（项目）或参照标高（族）视图中放置实例；若"基于工作平面"选项没有被勾选，则该族被项目或族载入后，只能在已有构件所属平面范围内放置实例，如图 3.1.1-1 所示。

4）一个族在被项目或其他族载入后只能在放置该族实例的平面绕其插入点所在轴旋转。

（2）使用技巧

1）嵌套族中进行参数关联时，父族关联参数值会传递给子族相应参数，若子族相应参数的值不能为 0，而此时父族关联参数值为 0 就会造成关联失败。因此，关联前最好将父族关联参数值设置成一个不为 0 的数。

2）由于族在被项目或族载入后只能在放置该族实例的平面绕其插入点所在轴旋转，因此，在创建族的时候，就应该把该族可能的旋转轴设置为垂直"参照标高"这个平面，如图 3.1.1-2 所示某角度可调百叶窗叶片的族。

图 3.1.1-1 "族类别和族参数"对话框

图 3.1.1-2 角度可调的百叶窗叶片

（3）参数化技术应用点

通过参数关联，可以将使用者的控制信息传递到最底层的族（多次嵌套）。

3. 视频中第一次出现的 Revit 命令和功能简介

（1）嵌套族参数关联

【操作步骤】

1）在父族中选中子族，然后在"属性"面板中点击"编辑类型"按钮，如图 3.1.1-3 所示。

2）在弹出的"类型属性"对话框中"类型参数"区域，点击需要关联的参数最右侧的按钮，如图 3.1.1-4 所示。

3）在弹出的"关联族参数"对话框中选择相应父族的族参数，然后点击"确定"按钮完成关联，如图 3.1.1-5 所示。

图 3.1.1-3 "编辑类型"按钮

4）如果是子族的实例参数需要关联，则在第 1）步选中子族后，直接在属性面板中

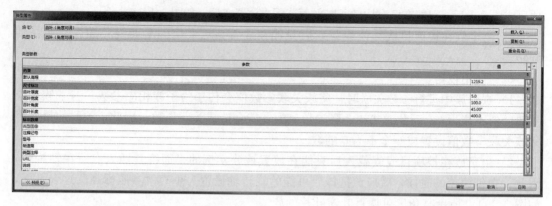

图 3.1.1-4 "类型属性"对话框

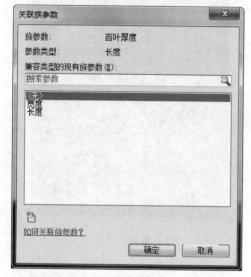

图 3.1.1-5 "关联族参数"对话框

图 3.1.1-6 关联参数按钮

找到需要关联的实例参数最右侧的按钮，如图 3.1.1-6 所示。后面的步骤同第 3）步。

（2）族类别参数设置

【操作步骤】

1）点击软件界面左上角"族类别和族参数"按钮，如图 3.1.1-7 所示。

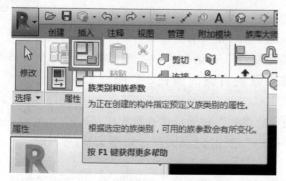

图 3.1.1-7 "族类别和族参数"按钮

2）在弹出的"族类别和族参数"对话框中"族参数"区域，按照需要对各项参数进行勾选或选择，勾选或选择操作在"族参数"区域"值"这一列进行（图 3.1.1-8）。

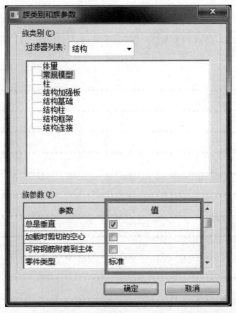

图 3.1.1-8 "族类别和族参数"对话框中"族参数"区域

4. 练习

【实操练习】

按照本任务教学内容进行练习。

Revit 常用命令与功能简介索引

参 考 文 献

[1] 廊坊市中科建筑产业化创新研究中心. "1＋X"建筑信息模型（BIM）职业技能等级证书-建筑信息模型（BIM）概论［M］. 北京：高等教育出版社，2020.

[2] 廊坊市中科建筑产业化创新研究中心. "1＋X"建筑信息模型（BIM）职业技能等级证书-学生手册（初级）［M］. 北京：高等教育出版社，2020.

[3] 建筑信息模型（BIM）职业技能等级标准［M］. 廊坊市中科建筑产业化创新研究中心.

[4] "1＋X"建筑信息模型（BIM）职业技能等级证书考评大纲［M］. 廊坊市中科建筑产业化创新研究中心.

[5] 胡小玲，郭杨，陈萍. BIM建模与设计［M］. 长沙：湖南大学出版社，2020.